常▶春▶藤
THE BEST
READING

PICTURES AND DRAWINGS

动物大图鉴

The Power of Reading

总策划／邢 涛　主 编／龚 勋

北京日报出版社

前 言

　　自从地球孕育了生命，各种各样的生物相继出现。为了适应不同的生存环境，它们按照从低等到高等、从简单到复杂的原则，进化成不同的分支，丰富并优化了地球生物的物种。在长期的生命进化过程中，动物一直以其独特的方式活跃于地球的各个角落。它们或游动于水中，或穿行于地下，或攀爬、跳跃于林间，或飞翔于天际……它们顽强多姿的生命使地球充满了盎然生机。

　　为了给小读者们打开一扇了解动物知识的大门，我们精心编写了这本《动物大图鉴》。全书按照由低等动物到高等动物的进化顺序，分别介绍了低等动物、鱼类、两栖动物、爬行动物、鸟类和哺乳动物，集科学性、知识性和趣味性于一体。书中所选动物都是各进化阶段的典型代表，能极大地满足小读者们的求知欲和好奇心。

　　本书以大图的方式展现新知识，使小读者仿佛置身于微观博物馆中，让他们在了解相关动物的特点、习性和进化过程的同时，领略全新的视觉冲击，享受一场视觉上的饕餮盛宴。现在就和我们一起打开本书，展开一段精彩的知识探索之旅吧！

目录

目录

3

目录

目录

第一章

低等动物

　　低等动物包括刺胞动物、棘皮动物、节肢动物等动物门，它们的身体结构简单，组织和器官分化不明显，最重要的一个特点是没有脊椎。它们虽然进化得不完全，但适应能力很强，因此形成了一个庞大的家族，世界上有90％的动物属于这个大家族呢。它们种类繁多，形形色色：有的柔弱娇小，比如红珊瑚虫；有的披盔戴甲，比如鹦鹉螺；有的像绚丽的花朵，比如海葵；有的则像枯叶，比如枯叶蝶……它们有的生活在海洋，有的生活在陆地，充满了神秘色彩，将自然界装点得生机勃勃，绚丽多姿。

海蜇 （刺胞动物门钵水母纲）

　　海蜇是一种海洋生物，主要栖息在河口附近的海域里。它们的身体就像透明的大蘑菇，蘑菇帽的部位被称为伞体。有些海蜇的伞体直径近1米，就像个小降落伞一样。伞体下长着海蜇的吸口，海蜇就是用吸口来吸食食物的。硅藻、纤毛虫以及各种浮游动物的幼体等都是海蜇喜欢的食物。

海葵 （刺胞动物门珊瑚虫纲）

　　海葵是一种海洋动物，外表长得像葵花，色彩鲜艳，非常醒目。大多数的海葵底部长有吸盘，它们不是吸附在岩石上，便是挖洞居住在海底的泥沙里，也有的附着在蟹类身上，跟着蟹类到处游走。海葵的触手有很多，像葵花的花瓣一样伸展着，这些漂亮的触手带有毒性，是海葵捕获食物和防御敌害的有力工具。

红珊瑚虫 （刺胞动物门珊瑚虫纲）

　　红珊瑚虫是一种群居动物，主要生活在赤道、热带以及亚热带的海洋里。它们的个体非常微小，为了保护自己，会吸收海水中的钙和氧化铁，然后分泌出红色的石灰质物质包裹在身体外面，从而形成骨骼。图中树冠状的艳丽夺目的红珊瑚，就是由大量红珊瑚虫的残骸堆积而成的。

海胆 (棘皮动物门海胆纲)

　　海胆是一类生活在海洋中的无脊椎动物，外壳非常坚硬，看起来就像浑身长满硬刺的球，让人不敢碰触。它们有的喜欢吃藻类、水螅、蠕虫等，有的则喜欢吞食海洋沉积物。科学家曾发现很多白垩纪时期的海胆壳化石，这说明海胆也是一种很早就出现在地球上的生物。

海参 （棘皮动物门海参纲）

　　海参是一种浑身长满肉刺的低等动物，广泛分布在世界各大洋中。在距今约6亿年前的前寒武纪时期，这种动物就已经生活在地球的原始海洋中了，所以有海洋活化石之称。海参喜欢吃藻类和浮游生物。它们还有一种很神奇的本领：一旦死亡、离开海水或者生活的海域被污染，它们的身体很快就会融化成液体，消失得无影无踪。

海星（棘皮动物门海星纲）

　　海星分布在世界各地的海洋中，喜欢吃甲壳类动物，有时会吃鱼类。它们的腕呈轮状辐射，外表看起来就像颜色鲜艳的星星，所以被叫作海星。海星的腕里藏着管足，这些管足可以帮助海星向各个方向爬行。海星的再生能力非常强，如果把一个海星分成几块扔到海洋里，用不了多久，每一块都能长成一个完整的新海星。

乌贼（软体动物门头足纲）

　　乌贼身体呈椭圆形，长有一个船形石灰质内壳，头部生着八条短触手和两条长触手。它们是凶猛的肉食性动物，喜欢捕食虾、蟹等海洋小动物，广泛分布在大西洋、印度洋和太平洋的浅海区中。乌贼体内生有墨囊，在遇到敌害时会喷出含有生物碱的墨汁麻痹敌害的嗅觉感官，然后趁机逃脱。

章鱼 （软体动物门头足纲）

　　章鱼也叫"八爪鱼"，因为它们身上长有八个可以自由伸缩的腕足，能让自己快速地在海底爬行。它们的身体柔软，没有骨骼，很容易就能钻进海底的洞穴、石缝或贝壳里觅食，藏在这些地方也可以躲避敌害。章鱼体表有发达的色素细胞，能灵活地改变体色来迷惑猎物或敌害。它们喜欢以虾、蟹等甲壳类的动物为食物。

鹦鹉螺 （软体动物门头足纲）

　　鹦鹉螺属于海洋软体动物，主要分布在菲律宾群岛南部的海域。它们的外壳大多为白色或乳白色，上面有红褐色的花纹。整个外壳呈螺旋形盘旋，形状就像鹦鹉的嘴巴，所以被叫作鹦鹉螺。鹦鹉螺已经在地球上生活了几亿年，而且它们的外观和习性一直没有太大的变化，所以被人们称为"海洋活化石"。

蜗牛 （软体动物门腹足纲）

　　蜗牛是一种陆生软体动物。它们的身上背着一个螺旋状的外壳，头部长有两对触角，一对长触角和一对短触角，长触角顶端长有眼睛。蜗牛用来走路的部分其实是它们的"腹足"，腹足可以分泌出黏液来降低行走时的摩擦力。它们多以植物嫩芽或嫩叶为食物，喜欢生活在潮湿阴暗的地方。

龙虾（节肢动物门甲壳纲）

　　龙虾是一种体形较大的海洋动物，有的体长能达到40厘米，在虾类中是有名的"巨人"。龙虾没有螯，漂亮坚硬的外壳是它们的护身铠甲。它们的头胸部粗大，腹部较小，触角粗长并且长有很多的刺。温暖的热带海域是龙虾最喜欢的栖息地，鲜嫩的水草、大型浮游生物、贝类和鱼、虾的尸体等是它们喜爱的食物。

瓷蟹 （节肢动物门甲壳纲）

　　瓷蟹通常躲在沿太平洋海岸的石沼里，躯干只有5厘米长。瓷蟹有一对很小的腿隐藏在尾巴的底部，当受到食肉动物的威胁时，瓷蟹就会抛掉一条腿或爪来分散攻击者的注意力。当然，它们所丢掉的附肢还会再长出来。而且瓷蟹腿上的绒毛可以黏附海底的泥土，也有助于它们伪装成食肉动物。

帝王蝶 （节肢动物门昆虫纲）

　　帝王蝶是一种体形中等，色彩华丽的蝴蝶，主要分布于北美洲、南美洲及西南太平洋。每年冬天来临时，帝王蝶就会成千上万地聚集在一起，迁徙到温暖的南方过冬。它们主要吃茎叶内含有白色乳汁的植物——这种植物含有毒素，所以，帝王蝶的体内也含有毒素，因此很多动物不敢捕食它们。

枯叶蝶 （节肢动物门昆虫纲）

　　枯叶蝶是世界著名的拟态蝴蝶。它们的翅膀非常不一般，当它们停落时，翅膀会合起来，露出黄褐色的翅膀腹面，样子就像一片枯叶，上面还有像树叶霉斑一样的圆点，让人难以分辨。但当它们飞舞起来时，就会露出深蓝色的翅膀背面，闪着绸缎般的光泽，中间还有一条艳丽的黄色条纹，就像漂亮的绶带一样。

蜜蜂 （节肢动物门昆虫纲）

    蜜蜂是一种群居性昆虫。它们从春天开始一直到秋天，天天都会忙碌不停地采蜜，只有到了冬天才会作短暂的休息。蜜蜂是变温动物，到了冬天它们会躲进蜂巢，挤在一起，团成一个球，以此来保持温暖。当蜂球表面的蜜蜂太冷时，待在球心的蜜蜂就会与其调换位置，它们就这样互相协作来度过寒冬。

黄蜂 （节肢动物门昆虫纲）

　　黄蜂是一种种类繁多的昆虫，世界上已知有两万多种。它们身体细长、光滑，长着一对透明的翅膀，胸部和腹部之间的"腰"很细，就像一个短管。雌性黄蜂尾部有毒刺，毒刺与毒腺相连，在受到打扰或攻击时，它们便会用毒刺袭击敌人。有些黄蜂分泌的毒素毒性非常强，能导致人类肝脏、肾脏衰竭，有时甚至会致人死命。

马尾蜂 （节肢动物门昆虫纲）

　　马尾蜂是一种奇特的昆虫，这种昆虫的雌虫尾部长着一条"长尾巴"，就像马尾巴一样，所以被叫作马尾蜂。其实，这条显眼的"长尾巴"是马尾蜂的产卵管，通过这条产卵管，马尾蜂会把卵产在树木害虫天牛或蛾的幼虫体内。马尾蜂的卵孵化后会吃掉天牛或蛾的幼虫，所以马尾蜂被公认为是保护树木的益虫。

蚂蚁 （节肢动物门昆虫纲）

　　蚂蚁是一种社会性昆虫，经常成群地生活在一起，并且分工明确。通常一个蚁群可分为蚁后、雄蚁和工蚁。蚁群中工蚁全部为雌性，没有生殖能力，负责筑巢、搜集食物、照顾蚁后和幼虫。蚁后住在蚁巢的最底层，只负责繁殖后代。除了雄蚁和有生殖能力的雌蚁有翅膀外，其他的蚂蚁一般没有翅膀。

食蚜蝇 （节肢动物门昆虫纲）

　　食蚜蝇是一种拟态昆虫，其外表长得非常像蜜蜂或黄蜂，但没有蜇人的毒刺——它们只是通过模仿蜜蜂或黄蜂的体态来麻痹敌人、保护自己。食蚜蝇的成虫喜欢吸食花粉和花蜜，有时也会吸食树木的汁液；食蚜蝇的幼虫则非常喜欢吃蚜虫，在成为蛹之前，一只食蚜蝇幼虫能够吸食掉数百只蚜虫的体液。

盗虻 （节肢动物门昆虫纲）

　　盗虻是一种凶猛的肉食性昆虫。这种昆虫身体强壮、飞行速度快，一旦发现猎物就会飞冲过去，用带有很多小刺的腿将猎物夹住。蜻、隐翅虫等昆虫都是盗虻的食物，有时身形巨大的甲虫也会被它们追杀。除了强壮迅捷外，盗虻的视力也非常好，眼睛又大又亮，这为它们的捕食增添了便利。

蜉蝣 （节肢动物门昆虫纲）

　　蜉蝣是一种很古老的昆虫，从侏罗纪时期就生活在地球上了。它们头部小，触角短，复眼发达、身体细长，还生有两对透明的翅膀。蜉蝣的幼虫会在水中度过漫长的1~3年，以藻类等水生植物为食，等变为成虫时，消化系统便会消失，无法再进食，只能活几个小时至几天，因此有"朝生暮死"之说。

草蛉 （节肢动物门昆虫纲）

　　草蛉身体细长，呈草绿色，头上长有丝状触角，翅膀宽阔而透明，是一种非常美丽的昆虫。这种昆虫一生要经过卵、幼虫、蛹、成虫四个阶段。在幼虫时期，草蛉以各种蚜虫为食，而且食量很大，是赫赫有名的益虫。到了成虫时期，有些草蛉的食性会发生改变，会像蜜蜂一样吸食花粉和蜜露，有些则依旧为肉食性，捕食小型飞虫。

螳蛉 （节肢动物门昆虫纲）

　　螳蛉是一种普通昆虫，广泛分布在热带和亚热带地区，常见于溪流附近的树林中。它们身体纤细，长着两对狭长透明的翅膀，还有一对粗大带刺的前肢，看起来有些像螳螂，所以被称为螳蛉。螳蛉的成虫一般以小飞虫为食物，幼虫多寄生在狼蛛的卵或其幼虫体内。

蚁蛉 （节肢动物门昆虫纲）

　　蚁蛉是一种肉食性昆虫，广泛分布在亚洲、非洲的干旱地带和美洲的大部分地区。这类昆虫的幼虫常倒退行走，会在沙土中制作一个漏斗形的陷阱，然后埋伏在陷阱底部，伏击掉进漏斗中的蚂蚁或其他小昆虫。蚁蛉的成虫喜欢在夜间活动，捕食飞翔的小型昆虫，白天则隐藏在树枝或灌木丛中休息。

蝶角蛉 <small>（节肢动物门昆虫纲）</small>

　　蝶角蛉是一种分布在温带地区的昆虫，主要生活在湖泊附近的潮湿地带。这种昆虫的头上长有一对细长的触角，触角的末端膨大，外表看起来就像长着蝴蝶触角的蜻蜓。很多人把这种昆虫误认为是蜻蜓，但它们属于脉翅目，和属于蜻蜓目的蜻蜓没有任何关系。

丹顶斑螅 （节肢动物门昆虫纲）

　　丹顶斑螅是一种常常出没于池塘、溪边的昆虫。这种昆虫的头部有一块鲜艳的橙色标记，腹部有蓝绿色与黑色相间的花纹，所以被称作"丹顶斑螅"。丹顶斑螅属于蜻蜓目，和蜻蜓有很近的亲缘关系，不过与蜻蜓不同的是，丹顶斑螅在歇息的时候会将翅膀折叠在身后，与身体平行，蜻蜓则不会。

红蜻蜓 （节肢动物门昆虫纲）

红蜻蜓是一种常见的昆虫，广泛分布在中低海拔地区。每年4~12月份，在水域附近的草丛中很容易就能见到它们。一般，未成熟的红蜻蜓为黄色，成熟的雄性红蜻蜓则变为朱红色，雌性依旧为黄色。科学家认为这是因为雄性红蜻蜓体内的抗氧化物质比雌性多，从而使得体内的色素发生了还原反应，变成了红色。

异色灰蜻 （节肢动物门昆虫纲）

异色灰蜻是一种雌雄异色的昆虫。这种昆虫雌性头部为褐色，躯干为褐色和黄色相间，尾巴末端是灰褐色；雄性头部为深蓝色，躯干为灰白色，尾巴末端是黑色。雄性异色灰蜻领地意识很强，它们会在水边固定区域捕食蚊蝇、寻找配偶等，一旦有其他雄性异色灰蜻飞入，它们就会将其赶走。

黑丽翅蜻 （节肢动物门昆虫纲）

　　黑丽翅蜻是一种非常美丽的蜻蜓，这种蜻蜓身体呈蓝黑色，带有光泽，并生有两对漂亮的翅膀。它们的前翅距离翅尖三分之一的地方呈白色透明状，其余部位则为黑色并带有蓝色光泽；后翅也是乌黑亮丽，并且宽大舒展，非常引人注目。黑丽翅蜻在中国分布很广泛，河南、山东、江苏、福建等地区都能看到。

油葫芦 （节肢动物门昆虫纲）

油葫芦是一种蟋蟀科昆虫，在中国各省都有分布。这种昆虫全身锃亮，就像涂了一层油脂，加上它们又喜欢吃花生、大豆、芝麻一类高油脂植物的根、茎、叶，所以被称作油葫芦。油葫芦喜欢昼伏夜出：它们白天躲在石块下或草丛中，晚上则出来觅食或者交配。当两只雄性油葫芦相遇时，则会互相攻击撕咬。

灶马蟋 （节肢动物门昆虫纲）

　　灶马蟋是一种杂食性昆虫，喜欢吃植物嫩叶、米粒、瓜果、小型昆虫等。这种昆虫夏季时在田野间活动，入秋之后常会潜入人类的居室之中。它们的躯体前端略微拱起，通体呈黄褐色，翅膀很短，仅能覆盖住三分之一的背部，但触角很长。灶马蟋的鸣声清脆单调，在中国各省都能找到，是一种普通的鸣虫。

多伊棺头蟋 （节肢动物门昆虫纲）

多伊棺头蟋是一种长相很奇特的昆虫，它们的头顶呈半圆形向前突出，面部扁平，雄虫的半圆形头顶两侧还有三角形突起。它们多分布在中国的江苏、浙江、山东等省，喜欢栖息在田野或村舍的草丛、泥土、石缝、墙角中。多伊棺头蟋的鸣声清澈响亮，是一种受人喜欢的观赏性鸣虫。

暗褐蝈螽 （节肢动物门昆虫纲）

　　暗褐蝈螽是一种杂食性昆虫，多以小型昆虫以及植物茎叶为食。这种昆虫分布广泛，中国各地都能找到它们的身影，尤以北方居多。它们通体呈草绿色或褐绿色，寿命只有2~3个月。初夏时分，暗褐蝈螽便开始在田野中鸣叫，其鸣声响亮，而且节奏和音调会随着温度的变化而变化。

黑蝈蝈 （节肢动物门昆虫纲）

　　黑蝈蝈又被称作铁皮蝈蝈，因为它们外皮很坚硬。这种蝈蝈的翅膀厚硬呈深褐色，腹部呈粉白色，但随着年龄的增长，它们的体色会加深，最终全身会变得黑亮似铁。它们的叫声铿锵有力，沉稳浑厚，一只黑蝈蝈的叫声能超过其他鸣虫一群的鸣声，因此深得鸣虫爱好者的喜爱。

绿蝈蝈 （节肢动物门昆虫纲）

　　绿蝈蝈因通体碧绿，不带丝毫杂色而得名，是一种观赏价值很高的鸣虫。它们的翅膀比较薄软，所以振翅发声不是很响亮。在平原的草丛中，以及种植花生、大豆、玉米或者蔬菜的农田里，都能找到这种绿蝈蝈。它们以鲜嫩的植物茎叶为食，可在温暖的室内过冬，深受鸣虫爱好者的喜爱。

兰花螳螂 （节肢动物门昆虫纲）

兰花螳螂产于马来西亚的热带雨林，是一种拟态昆虫。它们的伪装很逼真，静立时就像一朵娇艳的兰花，而且能随着花色的深浅来调整自己身体的颜色。通过这种方式，它们能有效地躲避敌害，也能有效地捕食。苍蝇、蜘蛛、蝴蝶、蜜蜂、飞蛾等都是它们喜欢的食物。

蝉（节肢动物门昆虫纲）

    蝉的一生要经过卵、幼虫、成虫三个阶段。在幼虫阶段，它们要在地下待几年或十几年，经历无数次蜕皮，并通过吸食树根的汁液成长。等长大后，它们便会在黄昏或者夜间钻出地面，爬到树上蜕皮为成虫。成虫阶段的蝉寿命就只有两个月，在此期间雄虫会通过不停鸣叫来吸引雌虫，以完成交配繁衍后代的任务。

琉璃椿象 （节肢动物门昆虫纲）

　　琉璃椿象是一种肉食性昆虫，擅长捕食体表柔软的小型虫类。这种昆虫体形呈椭圆形，体表坚硬，上翅前半部分像皮革一样。它们的体色单一，通体呈深蓝色，带有明亮的金属光泽。每年春夏季节，在中国各省的中低海拔的山区都能看到它们的身影。

横纹菜蝽 （节肢动物门昆虫纲）

　　横纹菜蝽是一种对农作物有害的昆虫。这种昆虫不管是幼虫还是成虫都喜欢吸食蔬菜嫩芽、嫩茎、嫩叶和花蕾的汁液。它们的唾液对植物组织会产生破坏，并且能阻碍植物细胞进行光合作用。被它们吸食过的植物会留下白色或微黑的斑点，甚至会发生嫩叶枯死，花蕾开放后也会不结果的现象。

象鼻虫 （节肢动物门昆虫纲）

象鼻虫种类繁多，全世界约有6万种。它们因长着象鼻子一样的长吻而得名，它们的口就长在长吻的末端。象鼻虫的体壁极为坚硬，而且前翅加厚，并骨化为坚硬的鞘翅。有了这样的保护，它们的生活天地变得十分广阔，在亚洲和美洲的很多地区都能发现它们的身影。

瓢虫 （节肢动物门昆虫纲）

　　瓢虫是一种体色鲜艳的昆虫，它们的身体呈卵圆形，其鞘翅或红色，或橙黄色，上面分布着黄、红或黑色的斑点。瓢虫的幼虫要经历五六次蜕皮，每次蜕皮后，它们的身体都会增长一些，等积蓄够能量后，它们就会变成蛹，之后再蜕变成成虫。瓢虫是蚜虫的天敌，它们每天都会在花草丛和农田中飞来飞去，捕食蚜虫。

萤火虫 <small>（节肢动物门昆虫纲）</small>

　　萤火虫是一种会发光的昆虫。这种昆虫雌虫腹部第六、七节有发光器，幼虫腹部第八节有发光器。发光器内有荧光素。当呼吸器官将一定量的氧气输送到发光器，荧光素在氧化后即可发光。萤火虫常在夜间活动于林间道旁。它们主要以蚯蚓、蜗牛为食，也是消灭血吸虫的主力军。

磕头虫 （节肢动物门昆虫纲）

　　磕头虫是一种有趣的昆虫，当它们被人捉住的时候会不停地用力摆动头部，就像在磕头求饶一样，所以被称作磕头虫。事实上，磕头虫的这种行为是一种本能反应，它们以这种方式躲避危险，并试图从敌人手中逃走。此外，磕头虫还有一个更厉害的本领——跳高，它们跳跃的高度是自己身高的50多倍。

天牛 （节肢动物门昆虫纲）

　　天牛是一种植食性昆虫，对树木的危害很大，在全球都有分布，以热带地区最多。它们身体呈长圆筒形，背部略扁，头部拥有一对比身体还长的触角，这对触角不仅可以自由转动，还能向后覆盖在天牛背上。多数天牛能发出"咔嚓"的锯树声，因此有"锯树郎"的绰号。

龟甲 （节肢动物门昆虫纲）

　　龟甲是一种害虫，它们主要以植物的叶子和嫩芽为食，对农作物的危害很大。它们的鞘翅和胸部很硬，这些部位向上隆起，就像乌龟壳一样保护着它们的头和足，所以被称作龟甲。龟甲通常体色鲜艳，有的还有金属光泽。它们分布在世界各地，是一种很常见的昆虫。

锹甲 （节肢动物门昆虫纲）

　　锹甲是一种观赏性昆虫。这类昆虫体形硕大，上颚发达，长着坚硬的长角，体表多呈黑色或褐色。它们一般生活在林地，在热带地区较常见，主要以树液或其他液体为食。雄性锹甲是一种好斗的昆虫，常为争夺异性而打得不可开交。在这种情况下，它们很容易被鸟类等天敌掠食。

独角仙 （节肢动物门昆虫纲）

　　独角仙俗称兜虫，属于大型甲虫。它们的身体粗壮，体壁坚硬，样子好像一辆黑褐色的坦克，爬行时神气活现。雄虫的头顶上长有一个像犀牛角般的长角，触角分节，末端又分出许多叉；前胸背板处还有一个棘状突起。独角仙食性很杂，广泛分布在世界的很多地方。

蜘蛛 （节肢动物门蛛形纲）

　　蜘蛛的种类繁多，约有3.5万种，遍布全世界。它们的身体呈圆形或椭圆形，分为头胸部和腹部，小小的头胸部和膨大的腹部以腹柄相连。蜘蛛长有八只脚和一对触须，雄蜘蛛的触须顶端还有一个精囊。其腹部后端生有三对纺织器，蜘蛛丝就产自那里。蜘蛛一般捕食昆虫、其他蜘蛛，有些蜘蛛甚至能捕食小型哺乳动物。

▌蝎子 （节肢动物门蛛形纲）

蝎子是大型蛛形纲动物，主要栖息在沙漠、草原或森林等地区，有时也会出现在人们的居室里。它们的躯干有许多节，最后一节的末尾是螯针，用来自卫或杀死猎物。螯针末端的器官十分灵敏，常可用来侦察地面的振动情况。它们双钳上的触须可以准确地感觉到猎物行动所引起的空气流动。

第二章

鱼类

　　鱼类是最古老的脊椎动物，大约出现于5亿年前。最早的鱼类无颌，被称为无颌鱼。经过漫长的进化之后，鱼类渐渐分化出了软骨鱼和硬骨鱼两大纲。软骨鱼的骨架是由软骨组成的，它们的脊椎虽然部分骨化，但缺乏真正的骨骼，目前世界上的软骨鱼包括鲨、魟等。除了软骨鱼及少数的圆口纲鱼类外，其余的鱼类都为硬骨鱼。硬骨鱼的主要特点是骨骼高度骨化，它们是水中高度进化的脊椎动物。可以说，鱼的种类繁多，广泛分布在世界各地的海洋中，也生活在河、湖、池塘甚至漆黑的地下河流等淡水中。

海马（脊索动物门硬骨鱼纲）

海马是一种外形非常奇特的鱼，它们的整个头部酷似马头，所以被人们称作海马。海马身上没有腹鳍和尾鳍，主要靠尾巴来固定身体，靠胸鳍和背鳍的扇动直立游动。海马性情温和，行动缓慢，但会通过体色的伪装来逃避天敌。雄海马尾鳍末端有一个育儿袋，受精卵就在那里发育、孵化成小海马。

叶形海龙 （脊索动物门硬骨鱼纲）

　　叶形海龙和海马的外形极为相似，它们之间有着非常近的亲缘关系。叶形海龙主要生活在海草丰富的海域，以小型甲壳类生物、浮游生物和海藻等为食。它们的身上长满了不规则的叶状物体，游动时的样子就像来回漂动的海藻，因此猎物和敌害很不容易发现它们。

蓑鲉 （脊索动物门硬骨鱼纲）

蓑鲉，又称狮子鱼，主要栖居在印度洋、太平洋等海域的珊瑚丛或岩礁中。它们的体长一般为20~40厘米，身上有引人注目的褐色、红色和白色的竖条纹。胸鳍展开时形若蒲扇，背鳍上还排列着长且飘逸的鳍条，看起来很漂亮。不过，当受到威胁时，它们的鳍会全部展开，鳍上尖尖的棘突能把毒液注射到敌人的体内，使其丧命。

石鱼 （脊索动物门硬骨鱼纲）

　　石鱼又名毒鲉，是蓑鲉的近亲。它们披着一身暗褐色或灰黄色的皮，背鳍有12根粗大的毒棘，经常栖息在浅水的礁石之间。当它们遇到危险或发现捕食对象时，会立即展开身上所有的毒棘，刺向对方。石鱼分布很广，在红海、印度洋沿岸，澳大利亚、印度尼西亚和菲律宾沿岸的水域都可见到。

┃飞鱼 （脊索动物门硬骨鱼纲）

　　飞鱼是一种很奇特的鱼。它们全长45厘米，能借助伸展开的胸鳍在空中滑翔，最远可达400米。通过这种方式飞鱼能成功躲避海鸟、大鱼或海豚等掠食者的捕食。起飞之后，飞鱼还会在空中摆动尾鳍，就像是轮船上的螺旋桨一样，以此推动整个身体前进。

毕加索扳机鱼 （脊索动物门硬骨鱼纲）

　　"毕加索扳机鱼"的名字，可能来源于它们身上的奇特大块图案——这些图案就像毕加索绘画作品中的几何图案一样。这种鱼身长20~30厘米，背鳍上具有硬棘，能竖立起来顶在珊瑚礁壁上。当大鱼发起进攻时，它们就躲入礁穴中，用硬棘牢牢地顶在礁壁上，使大鱼难以将它们拖出礁穴。

翻车鱼 （脊索动物门硬骨鱼纲）

翻车鱼是世界上最大、形状最奇特的鱼之一，因为它们常常侧身躺在水面晒太阳，所以被称作翻车鱼。它们的身体又圆又扁，像个大碟子。其背部和腹部各有一个长而尖的鳍，而尾鳍却非常短，就像镶在身上的一条花边，这使它们的后面看上去像被削去了一块似的。翻车鱼主要以水母为食，能用微小的嘴巴将食物铲起。

刺鲀鱼 （脊索动物门硬骨鱼纲）

　　刺鲀鱼是一种全身长满硬刺的鱼类。这些棘刺平时紧贴在它们的身体表面，一旦遇到敌害或受到惊扰，刺鲀鱼就会急速地大口吞咽海水或空气，使身体迅速膨胀。这时它们全身的棘刺就会竖起来，形成一个有毛刺的球体，以此来防御敌人。而棘刺基部互相连接，形成一个连续的甲板，可以用来保护自己免受敌人伤害。

大梭鱼 （脊索动物门硬骨鱼纲）

　　大梭鱼是一种非常危险的食肉鱼。它们身体瘦削，呈鱼雷形，下颌突出，牙齿像匕首一样尖锐。大梭鱼成群捕猎，有时还会袭击潜水员或游泳者，尤其是当人们携带的发光物体看上去像鱼的时候。它们的生活地点广泛，从近海水域一直延伸到广阔的远洋。

射水鱼 （脊索动物门硬骨鱼纲）

　　射水鱼有一项很特殊的本领，它们能利用口里喷出的水，来击落栖息在水边草木枝条上的昆虫。一般一条小射水鱼能将距离一米左右的猎物射落，成年后的射水鱼可以射落4米远的猎物呢。射水鱼的主要食物为水中生物，只有当水中生物缺乏时，才会以这种"水枪"射击的方式捕食。

弹涂鱼（脊索动物门硬骨鱼纲）

　　弹涂鱼是一种生活在红树林沼泽地和泥泞的海岸上的鱼类。与大多数鱼类不同的是，弹涂鱼即使离开水的时候也能够呼吸空气，这是因为它们的鳃盖内侧的皮肤上密布着微血管，这些血管与鳃动脉相通，可摄取空气中的氧气。它们的胸鳍能形成吸盘，这可以帮助它们在寻找猎物的时候爬上红树的根。

石斑鱼 （脊索动物门硬骨鱼纲）

石斑鱼因身上长有特殊的条纹和斑纹而得名，这些斑纹会随着它们的成长而变化。它们长着粗壮的身体，体表呈棕色，宽而肥硕的嘴巴里长满小牙齿。石斑鱼大多栖息在岩礁地带，主要以虾蟹、鱼类为食，有时也会捕食乌贼等。它们性情凶猛，有时甚至会吞食同类。

斗鱼 （脊索动物门硬骨鱼纲）

斗鱼全长5~10厘米，生性好斗，如果将两条雄斗鱼放进同一个水槽中，它们就会斗个不停，这也正是斗鱼名字的由来。它们主要生活在清澈的河川和沼泽中，以蝌蚪和其他一些细小的水生动物为食。斗鱼的生存能力很强，具有独特的呼吸器官，可以在没有水的情况下呼吸空气。

鹦鹉鱼（脊索动物门硬骨鱼纲）

　　鹦鹉鱼是一种生活在热带海洋中的鱼类。它们色彩斑斓，三角形的嘴巴看起来像是笑得合不拢口，样子十分可爱。此外，鹦鹉鱼还有一个特别的地方，那就是身体带有毒性。其实鹦鹉鱼本身并没有毒性，只因为它们会吃一些有毒的海洋生物。最终这些生物的毒素会被鹦鹉鱼排出体外，但在毒素排清之前鹦鹉鱼还是具有毒性的。

皇帝神仙鱼 （脊索动物门硬骨鱼纲）

　　皇帝神仙鱼又名甲尻鱼，主要分布在红海和非洲东岸等热带海域。它们身体呈椭圆形，体色金黄，身上布满带有棕色边缘的银白色环带，色彩绚丽，是有名的观赏鱼。皇帝神仙鱼喜欢在珊瑚礁上觅食，食性单一，只以藻类、海绵以及附着生物为食，所以是很难饲养的观赏鱼。

皇后神仙鱼 （脊索动物门硬骨鱼纲）

　　皇后神仙鱼是一种外形漂亮的鱼类。除了尾鳍之外，皇后神仙鱼的身体分布有鲜明的蓝色斑纹。成鱼体色呈金褐色、鲜艳的黄色或绿色，鳃盖的后部及胸鳍的基部为鲜黄色。它们的臀鳍和背鳍很长，可延伸至尾鳍，鳃盖后还有小刺用来护身。它们通常成对地生活在珊瑚礁中，主要以藻类、海绵等为食。

双色神仙鱼 (脊索动物门硬骨鱼纲)

　　双色神仙鱼分布于从东印度群岛到萨摩亚群岛和西太平洋地区的珊瑚礁地区。它们的头部有一块蓝色小斑，深蓝色的身体后半部与鲜黄色的前半部由一条垂直细线隔开。通常，一条雄鱼与一群雌鱼生活在一起。如果鱼群中的雄鱼死亡或是离开，其中一条雌鱼就会变性替代雄鱼。

七彩神仙鱼 （脊索动物门硬骨鱼纲）

　　七彩神仙鱼是一种美丽的热带鱼。它们体形扁圆，犹如满月，尾鳍像小扇子，体表色彩艳丽，布满条形花纹。七彩神仙鱼性情温和，十分胆小，非常喜欢静谧的水域，主要生活在南美洲热带雨林的河流中。它们主要以河虾、鱼类的卵、昆虫等为食，有时也吃河边浮木上的木耳。

长吻蝶鱼 （脊索动物门硬骨鱼纲）

长吻蝶鱼有一个尖长的吻部，这就是它们名字的由来。它们的长吻就像灵敏的"探测器"，可以很容易地伸进狭长的小洞中搜寻食物。长吻蝶鱼的尾部有一个很大的眼点。当它们遇到险情时，常常以此来迷惑对方，趁猎食者不明真相时溜之大吉。

网纹蝶鱼 （脊索动物门硬骨鱼纲）

　　网纹蝶鱼身体扁平，呈圆盘形，体长有12~15厘米。网纹蝶鱼全身金黄色，体表两侧有规则地排列着网眼状的四方形黄斑，酷似渔网条纹。其背鳍、臀鳍、尾鳍由鳍基部到上边缘依次有黄、黑、黄三条色带。它们主要以珊瑚虫、海葵等为食。网纹蝶鱼分布在印度洋及日本、菲律宾、中国台湾和南海的珊瑚礁海域。

金鱼（脊索动物门硬骨鱼纲）

　　金鱼起源于中国，是由鲫鱼演化而成的观赏鱼类，又称"金鲫鱼"。金鱼头上有两只圆圆的大眼睛，身体短而肥，鱼鳍发达，尾鳍有很大的分叉。金鱼的鳞片分为正常鳞、透明鳞和珍珠鳞三种。正常鳞具有反光组织和色素细胞，呈现出各种颜色；透明鳞缺少色素细胞，呈透明状；珍珠鳞呈银白色。

闪光鱼 （脊索动物门硬骨鱼纲）

　　闪光鱼是一种奇特的深海鱼，它们身长虽然只有几厘米，却能发出很强的光。当它们在水里发光时，站在水面的人甚至可以看清手表上的时间。原来，闪光鱼的两眼下有一粒能发出青光的肉粒，这是闪光鱼用来探测异物、捕食食物，并与同类沟通的器官，它们凭借闪光频率来传递信息。

鮟鱇鱼（脊索动物门硬骨鱼纲）

　　鮟鱇鱼是一种生活在温带海底的鱼类。它们的头很大，由上往下看，像有柄的煎锅一样。鮟鱇鱼背脊最前面的刺长得很像钓竿，前端有皮肤皱褶伸出去，看起来像鱼饵，鮟鱇鱼常常利用这个皮肤褶皱形成的饵状物来引诱猎物。它们的胸鳍很发达，可以像脚一样在海中移动。

▌蝠鲼 （脊索动物门软骨鱼纲）

　　蝠鲼是世界上最大的鳐鱼。它们的身体呈菱形，宽达6~8米，重2~3吨。蝠鲼的头部两边有一对能够转动的鳍，游泳时卷起来，像一个筒子，捕食时伸到口下边，又成了一个漏斗。蝠鲼虽然身体很大，但行动敏捷，既可以在水表层快速游动，也可以刹那潜到海底，有时还会像飞机一样在水面上划行。

刺魟 （脊索动物门软骨鱼纲）

刺魟的身体又扁又平，体盘近圆形，吻端尖突，尾前部宽扁，后部细长如鞭。在它们的尾鳍根部，有一个或两个棘突。如果它们遭到袭击，就会从棘突处射出一股带有剧毒的毒液。刺魟制造的创伤虽然很少会致人死亡，但也会让人感到疼痛无比，有时会使人半边身体麻痹。

虎鲨（脊索动物门软骨鱼纲）

　　虎鲨全长有5.5米，生性凶猛，它们比其他任何鲨鱼更容易袭击人类。虎鲨几乎能袭击和吃掉任何东西，不管是海龟、其他鲨鱼，还是捕龙虾的篮子或旧的油桶。幼年时，虎鲨身上有条纹图案。但随着它们的成长，图案会逐渐消失。虎鲨居住在近海或远海，与其他鲨鱼不同的是，虎鲨的吻部非常短，并能直接产下幼鲨。

鲸鲨 （脊索动物门软骨鱼纲）

　　鲸鲨身体巨大，很像鲸鱼，所以叫鲸鲨。它们是世界上最大的鱼之一，身长可达20米左右，体重约20吨。鲸鲨身体呈灰青色，上面有排列成行的淡色斑点。它们虽然身体庞大，却只吞食海洋里的小生物。鲸鲨性情很温顺，不会伤人，可供观赏。

▎大白鲨 （脊索动物门软骨鱼纲）

　　大白鲨是深海中最危险的动物，除了人类，没有任何动物能猎捕它们。由于喜欢攻击人类，因此它们又被称为"噬人鲨"。一般成年大白鲨的体长有7~8米，有的可达12米。它们的嘴巴很大，锋利的牙齿向内侧生长，边缘还长有小锯齿，可以轻易地将猎物咬成两半。当它们的第一排牙被磨损时，还会长出第二排牙。

锤头双髻鲨 （脊索动物门软骨鱼纲）

　　锤头双髻鲨是一种长相很奇特的鲨鱼，其头部两侧长着长长的褶叶，很像道士的抓髻。锤头双髻鲨在游水前进时，会不时左右甩头，这样做可使位于头顶端的眼睛获得更宽广的视野。锤头双髻鲨的头部还分布有许多感觉孔，专门用来侦测猎物发出的微弱电流。

第三章

两栖、爬行类动物

　　两栖动物和爬行动物是脊索动物门中相对低等的动物。两栖动物始见于6亿~3亿年前，它们从鱼类进化而来，既能活跃于陆地，又能游动于水中。两栖动物主要包括青蛙、蟾蜍、蝾螈及蚓螈。所有的两栖动物都有潮湿的皮肤。爬行动物是第一批真正脱离水而登上陆地的脊椎动物，它们曾在中生代时期获取了地球的统治权，是统治陆地时间最长的动物。其种类仅次于鸟类，排在陆地脊椎动物的第二位。爬行动物主要包括蜥蜴、蛇、鳄鱼、龟、鳖等。它们身上长有鳞片或硬骨骼，需要靠日晒和地表温度来保暖。

▌雨蛙 （脊索动物门两栖纲）

　　雨蛙多栖居在干燥的热带稀树草原上，一生的大部分时间在地下度过，只有下雨的时候才会爬出地面。雨蛙白天多伏在靠近树根的洞穴或岩石缝中休息，晚上栖息于灌木上。雌蛙长约4厘米，雄蛙则在3厘米左右。雄蛙趾的末端有吸盘，趾间有蹼，它们能牢牢地抓住光滑的物体。

红眼树蛙 （脊索动物门两栖纲）

红眼树蛙是一种非常罕见的蛙类，主要生活在中美洲和南美洲的热带雨林中。它们长着长长的腿，擅长跳跃，脚趾上有黏质的吸盘，能牢牢地抓住树叶和树皮。雌蛙会将受精卵安放在池塘边悬下来的大树叶上。受精卵孵化出来的小蝌蚪会顺着树叶跳入水中，等在水中变成小树蛙后，再跳回到树上。

绿雨滨蛙（脊索动物门两栖纲）

　　绿雨滨蛙又叫绿树蛙，是澳大利亚分布最广的青蛙之一，人们经常能在花园里看到它们。和其他树蛙不同，它们有厚厚的皮肤，这让它们在干燥的环境中，也能生存得很好。此外，为了防止湿润的皮肤滋生细菌，绿雨滨蛙的皮肤还会分泌一种抗菌物质。科学家们发现，这种抗菌物质含有很多对人类有益的药物成分。

角蛙 （脊索动物门两栖纲）

　　角蛙是一种长相很特别的蛙类，它们的头部有角状突起，体表具有美丽的色彩，背部呈现出绿色及暗红色的花纹。雌性角蛙的体形比雄性大。雌蛙体重可达480克，体长约14厘米。角蛙性情粗暴，具有攻击性，堪称蛙中的魔鬼，许多性情温和的蛙经常成为它们的口中之物。

illustrated handbook

牛蛙（脊索动物门两栖纲）

　　牛蛙原产在北美洲，之所以叫牛蛙，是因为它们那"哞哞"的叫声很像牛叫。牛蛙的体表有绿色或棕色的条纹，咽喉部位的颜色随雌雄而异，雌蛙为白色或灰色，雄蛙为黄色。其体长约20厘米，常常栖居在池塘、河流、沼泽和水田等处。牛蛙的胃口很大，能捕食各种昆虫、软体动物、小鱼，甚至还能捕捉小鸭等水禽。

玻璃蛙（脊索动物门两栖纲）

　　玻璃蛙是一种长相很奇特的蛙，多数有半透明的皮肤，我们可以很清晰地看到它们的一些内脏器官。玻璃蛙大约有60种，它们生活在热带雨林、溪流沿岸和云雾笼罩的山上。它们在浅塘边悬垂下来的树叶上产卵。当卵孵化后，蝌蚪会落入水中。有一种玻璃蛙的蝌蚪是亮红色的，它们通常藏在被水淹没的泥土里或腐烂的叶子里。

虎纹蛙（脊索动物门两栖纲）

虎纹蛙主要分布在中国长江流域及以南地区，也产于南亚和东南亚。因为它们的四肢有明显的横纹，看上去好像老虎身上的斑纹，故得名"虎纹蛙"。它们的背面通常呈黄绿色，略带棕色，与头侧、体侧一样，背部也有不规则的深色斑纹。虎纹蛙体大而粗壮，体长可达12厘米以上，体重可达250~500克，是稻田中体形最大的蛙。

箭毒蛙 （脊索动物门两栖纲）

　　箭毒蛙的皮腺能分泌出一种毒性很强的毒液，生活在南美丛林中的印第安人常把它们的毒液涂抹在箭头上，用以打猎，"箭毒蛙"的名称便由此而来。它们体长一般只有4厘米，身上布满鲜艳的色彩和花纹，这些醒目的颜色和花纹其实是一种警戒色，用来警告袭击者它们是有毒的。

铃蟾 （脊索动物门两栖纲）

铃蟾是一种不太引人注目的小型蟾蜍。它们全身呈灰绿色，而在其腹下却是耀眼的鲜红色，还有黑色图案。如果遭到食肉动物的袭击，它们就会将头拱起，把腿抬高，展示这些鲜亮的标记，意在向对方发出警告：我是有毒的，袭击我是很危险的事情。铃蟾生活在沟渠和池塘里，通常浮在水面上。

▌海蟾蜍 （脊索动物门两栖纲）

　　海蟾蜍是世界上最大的蟾蜍。在野生状态下，雌性海蟾蜍的重量常常超过1000克。除了庞大的身躯之外，它们皮肤里的液腺还能产生剧毒，因此它们几乎不怕任何食肉动物。因为天敌很少，所以它们繁衍得很快。海蟾蜍通常在黄昏时进食，主要以昆虫为食，也吃蜥蜴、青蛙和小型啮齿动物。

非洲爪蟾 （脊索动物门两栖纲）

非洲爪蟾生活在非洲南部的池塘和湖泊里，一生都在水中度过。它们的身体肥硕、扁平；头尖尖的，呈流线型；蹼足很大，这些体形特征都有助于非洲爪蟾在水中游动。更特别的是，它们的眼睛和鼻孔都朝上。非洲爪蟾常将卵产在地下，其蝌蚪以微小植物、幼虫和其他小动物为食。

绿色蟾蜍 （脊索动物门两栖纲）

绿色蟾蜍的身上布满了淡褐色的花纹图案，看起来像穿了迷彩服一样。在温暖的地区，它们常常居住在房屋附近。成年绿蟾蜍有时会聚在街灯下，吃那些落在地上的昆虫。绿色蟾蜍的叫声很像蟋蟀。它们通常在池塘和较浅的湖泊里产卵。

红蝾螈 （脊索动物门两栖纲）

红蝾螈是一种陆栖蝾螈，分布在北美洲东部林地。它们在水中孵化并繁殖，但在陆地上度过幼年阶段。在泉水、林区和潮湿的草地上，都能见到它们。当它们成熟后，身体呈鲜艳的红色，不过，随着年龄的增大，颜色会暗淡一些。

火蝾螈 （脊索动物门两栖纲）

火蝾螈是一种体色鲜艳的蝾螈，它们的皮肤为黑色，上面布满黄色的图案，非常易于识别。很多动物看到它们鲜艳的体色后会离得远远的，因为它们的皮肤有毒。火蝾螈生活在森林里和其他潮湿地区，夜里出来活动，通常捕食蚯蚓类的动物。它们在陆地上交配，而雌性火蝾螈会在池塘或溪流里直接产下幼螈。

美西螈 （脊索动物门两栖纲）

美西螈成体呈黑色，有黄色斑纹，常有异变体色出现，如白色。生长过程会受栖息环境影响，比如水温太低时有的幼体未成熟就具有生殖能力，且终生保持幼体状态。美西螈的四肢和足较小，但尾颇长；背鳍由头、背向后延伸至尾末端，腹鳍从两个后肢中间延伸到尾末端。它们主要以蚯蚓、蝌蚪和水生昆虫幼体为食，分布于北美洲。

虎纹钝口螈 (脊索动物门两栖纲)

　　虎纹钝口螈是北美洲一种常见的蝾螈,从平原到湿地,到处都能见到它们的身影。在北美洲的陆栖蝾螈中,它们的体形最大,全长12~23厘米。它们还是凶猛的肉食性动物,经常在夜间捕食蝌蚪、小鱼、蜉蝣动物和软体动物,有时甚至连两栖动物和同类也不放过。

大壁虎 （脊索动物门爬行纲）

　　大壁虎是中国壁虎科中体形最大的一种，全长可达30厘米，主要栖息在山岩缝隙、树洞内以及人类的住宅里。它们四肢指、趾端膨大呈扁平状，其下方皮肤形成褶皱，能够在光滑的物体上攀附。大壁虎的体色会随着环境的不同而发生变化，这样能与生存环境混为一体，便于伪装避敌。

豹纹睑虎 （脊索动物门爬行纲）

　　豹纹睑虎主要分布在伊朗东部、阿富汗东南、巴基斯坦及印度西北等地，是一种很奇特的壁虎。它们的体表有着像豹纹般的花色，并因此而得名。比较特别的是，豹纹睑虎具有眼睑，而且眼睛的两侧有明显的外耳孔。正常的个体还具有一条与身体一样粗壮的尾巴，这是它们储存脂肪的重要部位。

角叶尾壁虎（脊索动物门爬行纲）

　　角叶尾壁虎是一种很有名的拟态动物。当它们紧紧地趴在树上，身体压成扁平状时，人们几乎不能发现它们。因为它们的身体上有一块块斑点状的图案，看上去很像树干上生长的苔藓，而树叶形状的尾巴还能达到使身体轮廓和树混在一起的效果。和多数壁虎一样，这种壁虎不能眨眼，也是用舌头来清洁眼睛。

高冠变色龙（脊索动物门爬行纲）

　　高冠变色龙的头部长有冠帽状突起，躯干、尾部中线、喉部及腹部正中线等处均覆盖有锯齿状鳞片。高冠变色龙的背部有黄色及绿色的宽纹，腹部为蓝绿色及黄色的带纹。通常情况下，雌雄体形略有不同，雌性的头冠比雄性的小很多，其颈背上有锯齿状的脊突，身体极度侧扁。

马达加斯加变色龙 （脊索动物门爬行纲）

　　马达加斯加变色龙是一种爬行缓慢的变色龙，它们靠足和尾巴抓住树枝爬行。它那双肉柄状的眼睛被鳞状的眼睑保护着，可以自由地移动，全方位地观察周围的环境。在捕捉昆虫和蜘蛛时，它们会把具有黏性的舌头伸出来，舌头的长度可超过身体的长度。

蓝舌石龙子 （脊索动物门爬行纲）

　　蓝舌石龙子是分布于澳大利亚东部的一个较大蜥蜴属种。它们的头很大，尾巴较短，舌头呈蓝色是其最显著的特点。如果受到威胁，蓝舌石龙子会张开血盆大口，伸出深蓝色的舌头吓退敌人。如果这招不灵，它们还可以憋足一口气把自己胀大，并发出"咝咝"的巨响，令敌人感到害怕而逃开。

鳄蜥 （脊索动物门爬行纲）

　　鳄蜥是一种古老的爬行动物，早在1.9亿年前就已存在了，因而又有"活化石"之称。鳄蜥体形既像鳄鱼又像蜥蜴，全身披有坚硬的鳞甲，除腹部为白色外，其余部分全为暗黄色，也有呈橄榄色的。它们的头只有花生米大小，是爬行动物中头部最小的。其头颅顶部还长有一个小白点，看上去就像一只眼睛。

飞蜥 （脊索动物门爬行纲）

　　飞蜥生活在森林里，一般长有大大的头，长长的四肢和尾巴，它们能凭借肋下的"翅膀"，从一棵树"飞"到另一棵树上。所谓的"翅膀"，其实是由飞蜥的肋膜和肋骨组成的。飞蜥的肋骨能像扇子的扇骨一样张开，将每一片松弛的皮肤伸展开来。一旦飞蜥完成飞行，肋骨就会沿身体向后合拢，将"翅膀"折叠好。

角蜥 （脊索动物门爬行纲）

　　角蜥又叫冠状角蜥，分布于美国和加拿大的沙漠和半沙漠地区。它们的头部长有剑形棘刺，全身长有许多鳞片。一旦遇到强敌，它们会大量地吸气，使身躯迅速膨大，致使眼角边破裂，然后从眼里喷出一股鲜血，射程达1~2米。敌人往往被这迎面射来的鲜血吓得惊慌失措，角蜥则趁机逃之天天。

绿蜥 （脊索动物门爬行纲）

　　绿蜥的体色是亮绿色的，非常漂亮，其尾巴长度几乎是身长的两倍。在繁殖期，雄性绿蜥的喉部呈亮蓝色，雌性则呈褐色或绿色。有些雌性的背部还长有2~4道白纹。绿蜥生活在欧洲南部的田野里，是阿尔卑斯山北部最大的蜥蜴。它们主要以昆虫和蜘蛛等小型动物为食。在冬天的几个月中，绿蜥会躲在树洞里和岩石裂缝中冬眠。

伞蜥 （脊索动物门爬行纲）

　　伞蜥是澳大利亚最引人注目的蜥蜴。如果伞蜥遭遇险情，它们便会张开颈部亮红色或黄色的"斗篷"（伞蜥的皮膜），并暴露出亮红色的嘴巴。同时，不停地摇摆着身体，并发出咝咝声，装出要发动进攻的样子，以吓退敌人。倘若这样做行不通的话，它们会收起"斗篷"，跑到离自己最近的一棵树上躲避敌人。

安乐蜥（脊索动物门爬行纲）

　　安乐蜥是一种小型蜥蜴。它们的身体纤细，尾巴很长，能以惊人的速度在树枝间奔跑。它们长有尖尖的爪子，脚掌上面还布满了细小的钩子。凭借这些小钩子和锋利的爪子，它们能够在光滑的表面上快速而敏捷地爬行。多数雄安乐蜥在下巴处长有一块颜色鲜亮的下垂物。到了繁殖季节，它们会以此来吸引雌安乐蜥。

科莫多巨蜥（脊索动物门爬行纲）

　　科莫多巨蜥是世界上最大的蜥蜴，成体一般身长3.5~5米，因居住在印度尼西亚的科莫多岛而得名。它们皮肤粗糙，生有许多隆起的疙瘩，无鳞片，口腔长满巨大而锋利的牙齿——在世界26种巨蜥蜴中，只有它们有牙齿。科莫多巨蜥以岛上的野猪、鹿、猴子等为食，有时也潜入水中捕鱼。

长鼻树蛇 （脊索动物门爬行纲）

　　长鼻树蛇是一种特别纤细的蛇，它们头部修长，长有一个长长的鼻子。这种蛇的眼睛中长着横向的瞳孔，能够准确地判断远处的情况。长鼻树蛇的颜色是绿色的，再加上像藤蔓植物一样的体形，在树丛中隐藏起来后，猎物和敌人都不容易发现。长鼻树蛇主要栖息在热带森林中，以蜥蜴为食，也吃青蛙和小型哺乳动物。

黑曼巴蛇 （脊索动物门爬行纲）

　　黑曼巴蛇是非洲最大的毒蛇，体长2~4.5米，头部呈长方形，体色为灰褐色。最特别的是，此蛇的口腔内部为黑色。它们栖息于开阔的灌木丛及草原等干燥地带，以小型啮齿动物及鸟类为食。黑曼巴蛇是世界上爬行速度最快及攻击性最强的蛇类，它们能以高达16~20千米的时速追逐猎物，而且只需两滴毒液就可以致人死亡。

▍印度眼镜蛇（脊索动物门爬行纲）

　　印度眼镜蛇全长约为两米，白天一般躲在丛林中，夜间出来活动。捕食时，它们的毒牙能迅速刺出，并咬紧猎物，直到猎物毒发而死。印度眼镜蛇受到打扰时，会向后跃起，伸出肋骨，做出一种准备反击的姿势。在印度会看到眼镜蛇随着耍蛇人的笛声舞动身体。其实眼镜蛇听不见任何声音，它们响应的只是耍蛇人的动作。

海蛇 （脊索动物门爬行纲）

　　海蛇生活在海洋里，有50多个家族成员。海蛇的身体大多比较小巧，它们和陆地上的眼镜蛇有着密切的亲缘关系，大部分带有剧毒。海蛇长着像船桨一样扁平的尾巴，这使它们能更好地在海中生活；海蛇都有盐分泌腺和能够紧闭的嘴，这使得它们可以适应苦涩的海水。

得克萨斯珊瑚蛇（脊索动物门爬行纲）

　　得克萨斯珊瑚蛇是一种长着光滑鳞片的蛇。这种蛇有一个黑色的鼻子，鼻子后面是一条环绕着头部的宽宽的黄色条纹，身体的其他部分装饰着宽宽的红色和黑色条纹，中间由较窄的黄色条纹隔开，是十分危险的毒蛇。这种蛇行踪隐秘，通常藏在圆木和树木的残干中，以其他蛇类、蜥蜴和青蛙为食。

蝰蛇 （脊索动物门爬行纲）

　　蝰蛇代表着蛇类进化的最高层次，并且具有一些其他蛇科动物没有的特征。在它们小小的有铰链的骨骼上连着长长的锯齿，这种锯齿在不用时能够折叠起来。蝰蛇有巨大的毒腺，毒腺使它们的头部呈现出宽阔的三角形。蝰蛇能绝对控制其毒牙的运动，甚至能有选择地只竖起一颗毒牙。

响尾蛇 （脊索动物门爬行纲）

　　响尾蛇具有一个显著特征，即在其尾部末端长着一个响环，它是由若干个特殊的环状鳞片组成的。当响尾蛇摇动尾巴时，响环之间就会发出"沙沙"声。响尾蛇利用这种声音引诱小动物，或者吓跑敌人。响尾蛇是一种长有毒牙的蛇，它们的毒牙奇毒无比，足以将人置于死地。

绿树蟒 （脊索动物门爬行纲）

　　绿树蟒是一种小型蟒蛇，身体大多呈亮绿色。这种蟒蛇常把尾巴缠绕在树枝上，身体悬挂在空中，静候鸟和其他动物靠近。一旦发动袭击，它们就会想尽办法对付猎物。当把猎物缢死、吞下后，就向树上退去。绿树蟒一生中的大部分时间是在树上度过的，只有产卵时才下到地面。

网斑蟒 （脊索动物门爬行纲）

　　网斑蟒是迄今人们知道的唯一一种体长达10米的蟒蛇。就体长而言，它们日常消耗的热量相比其他蟒蛇要少很多。它们以鸟和小型哺乳动物为食，通常生活在热带森林里。在两次捕食之间，网斑蟒需要休息一段时间。这种蟒蛇一次能产下100枚卵。雌蟒会一直看护着卵，直到卵孵化出来。

湾鳄（脊索动物门爬行纲）

在澳大利亚，湾鳄又叫"塞尔第"，是世界上最大、最危险的鳄鱼。湾鳄善于游泳，生活在东南亚、澳大利亚北部和新几内亚的某些河口或沿海水域。它们的身体呈淡橄榄色，体形庞大，其雄鳄身长能达10米。绝大多数的鳄是冷血动物，湾鳄却能巧妙地保持恒定的25.6℃体温。

密河鳄 (脊索动物门爬行纲)

密河鳄分布在北美洲东南部,因此又称美洲鳄。它们生活在淡水河流或沼泽的浅水中。雄鳄较大,长达4米以上,雌鳄却不到3米。密河鳄的背面呈暗褐色,腹面呈黄色,吻扁而阔,上面平滑。在水中游泳时,它们将眼和鼻孔露出水面,缓缓移动,遇危险时则将全身埋于水底的泥沙之中。

扬子鳄（脊索动物门爬行纲）

扬子鳄又名中华鳄，主要分布在中国安徽、浙江、江西等地的部分地区。它们生活在水边的芦苇或竹林地带，以鱼、蛙、田螺和河蚌等为食。其体长约有2米，背部呈暗褐色，腹部呈灰色，皮肤上覆盖着大的角质鳞片。扬子鳄一般独居，爱夜间活动，喜欢日光浴，有冬眠行为。

印度食鱼鳄 （脊索动物门爬行纲）

印度食鱼鳄是淡水鳄，分布于印度、巴基斯坦、孟加拉、缅甸和尼泊尔的宽阔河流中。它们的吻部特别细长，上面长满了小而尖的牙齿，是很理想的捕鱼工具。一旦捉住一条鱼，食鱼鳄会向空中抬起嘴巴，然后顺着鱼头将鱼吞进肚里。和其他鳄鱼相比，食鱼鳄在水中待的时间较长，因此它们的后脚上长满了蹼。

玳瑁 （脊索动物门爬行纲）

　　在海洋龟类中，玳瑁个头最小，多数身长仅有50厘米左右。它们的背甲是红棕色的，带有黄色斑纹，像覆盖屋顶的琉璃瓦一样，非常漂亮。人们常把它们的背甲做成装饰品，因此玳瑁的生存受到一定威胁。玳瑁主要生活在热带、亚热带海洋中，经常出没于珊瑚礁里，以中国南海的西沙群岛和台湾、澎湖列岛数量较多。

鳞龟 （脊索动物门爬行纲）

　　鳞龟是一种小型海龟，龟壳又宽又圆。它们分布广泛，包括很多种。比如，大西洋鳞海龟主要分布在墨西哥湾，有时会随着海湾的潮流漂泊到欧洲地区，它们的龟壳呈灰色，长60~80厘米。太平洋鳞龟分布在太平洋和印度洋的温暖水域，与大西洋鳞海龟的区别在于，它们的体形更大，身体呈绿色。

绿海龟 （脊索动物门爬行纲）

　　绿海龟是一种常见的海龟，主食为海草和大型海藻，由于它们体内脂肪累积了许多绿色色素，呈现淡绿色，因此被称为绿海龟。绿海龟广泛分布于太平洋、印度洋及大西洋温水水域，它们的一生几乎都在大海里度过。但在繁殖季节，它们会回到出生地点繁殖后代。

红耳龟 （脊索动物门爬行纲）

　　红耳龟是一种淡水龟类。它们的头部两侧大多长有红色的条纹，就像两只可爱的红耳朵，所以被叫作红耳龟。红耳龟属于杂食性龟类，除了吃肉、小鱼、小虾、昆虫外，它们还吃一些蔬菜和水生植物。红耳龟的繁殖能力、觅食能力，以及对环境的适应能力都很强，因此很受宠物爱好者的欢迎。

豹龟 （脊索动物门爬行纲）

豹龟喜欢在半干燥、带荆棘的草原上生活，但在一些地势陡峭的地方也能发现它们的踪迹。豹龟会在天气炎热的季节夏眠，在寒冷的季节过着行动迟缓的生活。很多时候，它们都会躲在豺、狐狸或蚁熊等动物遗弃的洞穴中。豹龟以各种草类为食，还喜欢吃水果和仙人掌类的多汁植物。

锦箱龟 （脊索动物门爬行纲）

　　锦箱龟也叫"西部箱龟"，这种龟一般生活在干燥的环境中，能在膀胱中储存水分，所以忍受干旱的能力比较强。锦箱龟属杂食性动物，食量很大。它们的成长比较缓慢，需要5年以上才能达到成熟期。

星形陆龟 （脊索动物门爬行纲）

　　星形陆龟的外壳上有着非常漂亮又规则的星形图案，这就是它们名字的由来。它们的外壳分为两部分，如同盔甲一样保护着身体。外壳由骨板组成，衔接着肋骨和脊椎。这种陆龟分布在半干旱、布满荆棘的草原中，在一些高降雨量的地区也能发现它们的踪迹。星形陆龟喜欢吃果类、多刺仙人掌、茎叶肥厚的植物和蓟。

第四章

鸟类

在水上、陆地和空中，我们都能看到鸟类的身影。它们有的身形高大，有的娇小如蜂；有的凶猛无比，有的却生性胆怯；有的羽毛绚丽无比，有的却外表朴素……但不管哪种鸟类，都是地球生物大家庭中的一员，它们与其他生物共同演绎着世界的多彩和神奇。

现在，就和我们一起去飞鸟的王国，看一看它们飞行、筑巢的本领以及迁徙的秘密吧！

蜂鸟 （脊索动物门鸟纲）

　　蜂鸟是世界上体形最小的鸟，它们身怀绝技，是不折不扣的飞行高手。蜂鸟扇动翅膀的速度特别快，人眼根本就看不清楚，只能听到一阵阵像蜜蜂飞行时一样的"嗡嗡"声，所以人们称它为"鸟中之蜂"。别看蜂鸟体形小，却是个"大肚汉"。它们的新陈代谢旺盛，食量很大，一只蜂鸟一天吃掉的食物重量是自己体重的两倍多。

翠鸟 （脊索动物门鸟纲）

　　翠鸟属于中型水鸟，因背部和面部的羽毛翠蓝发亮而得名。翠鸟并不像其他大型鸟类一样在空中翱翔，而是直线飞行，飞行时伴有"呼呼"声；或贴着水面疾飞，瞬间又轻轻地停在芦苇上伺机捕鱼。翠鸟的捕鱼能力很强。这是因为它的眼睛进入水中后，能迅速调整因光线造成的视角反差，从而保持极佳的视力。

戴胜 （脊索动物门鸟纲）

戴胜是一种色彩鲜艳、极易辨识的鸟类。它们的头上有粉棕色的丝状冠羽。除翅膀和尾巴上有黑白相间的条纹外，身体的其余部分都是粉棕色的。戴胜虽然外表美丽，却不爱干净，从不清理巢内的秽物和雏鸟粪便，加上幼鸟和雌鸟身上还散发出强烈的油脂味，所以它们的巢又脏又臭，因此，人们给它们起了个外号叫"臭姑姑"。

织布鸟 （脊索动物门鸟纲）

　　织布鸟的体形和麻雀差不多。正如它们的名字一样，织布鸟具有高超的筑巢本领。筑巢的工作一般由雄鸟负责。首先，它将草根和细长的棕榈叶片衔回来，然后用嘴来回编织，穿网打结，织成一个圈，再不断添进材料，直到织成一个空心球体，然后再向下编织一个约60厘米长的入口就大功告成了。

麻雀 （脊索动物门鸟纲）

麻雀是典型的亲人鸟类，我们经常能看见成群的麻雀在田间地头、树枝、电线上觅食和栖息。因为它们爱吃农作物，所以还曾被人们"冤枉"过，把它们当作害鸟，更掀起过轰轰烈烈的消灭麻雀运动。后来，人们发现麻雀原来是益鸟，能帮庄稼捕捉害虫，这时，麻雀才得以"平反"，并被列为国家二级保护动物。

燕子 （脊索动物门鸟纲）

　　燕子是雀形目燕科鸟类的统称，有雨燕、楼燕、家燕、金腰燕和毛脚燕等种类。其中，雨燕属攀禽，其他属鸣禽。楼燕体形稍大，飞得高，飞行速度快；喜欢在亭台楼阁等古建筑的高屋檐下做巢。家燕体形较小，上身为金属黑色，头部呈栗色，飞得较低，多在居民的室内房梁上和墙角筑巢。

草原百灵 （脊索动物门鸟纲）

草原百灵体形娇小，灰棕色的羽毛中夹杂着黄褐色斑纹；两条长而显著的白色眉纹在枕部相接。嘴较细小而呈圆锥状。它们主要栖息在广阔的草原上，喜欢在沙地上蹭来蹭去。原来这样既能够防暑降温，还可以梳洗它们的毛发，以保持体表的干净。草原百灵是一种鸣禽，它们叫声清脆，声音甜美，不愧为"草原上的精灵"。

云雀 （脊索动物门鸟纲）

云雀隶属于雀形目，百灵科。它们体长约19厘米，上体黑褐色，翅、尾各羽外缘淡棕色。云雀羽色虽不华丽，但鸣声婉转，歌声嘹亮，素有"南灵"之称，是中国著名的笼鸟。它们常栖于草地、干旱平原、泥淖及沼泽中。

伯劳 （脊索动物门鸟纲）

伯劳体型较小，体长约28厘米，体重约50克。别看它们体型小，却生性凶猛。它们的喙强壮有力，嘴尖上还有利钩，嗜吃小型兽类、鸟类等动物。进食时，常将猎获物挂在带刺的树上，将其杀死并撕碎进食，所以有人将它们称为"屠夫鸟"。全世界的伯劳共有72种，除南美洲、南极洲外，其余各洲都有分布。

黄鹂 （脊索动物门鸟纲）

黄鹂别名黄莺、黄鸟。它们体形小巧，羽翼振动的幅度很大，飞行的速度很快。金黄的身影常在绿树丛中波浪式地穿梭，犹如金光一闪，转瞬即逝。黄鹂鸣声悦耳动听，是笼鸟中的翘楚。它们喜食害虫，也是著名的益鸟。

夜莺 （脊索动物门鸟纲）

　　夜莺，是一种迁徙的食虫鸟类，生活在欧洲和亚洲的森林中。它们在低的树丛里筑巢，冬天迁徙到非洲南部。夜莺的鸣叫声高亢明亮、婉转动听，尤其是雄夜莺，它们的音域之宽连人类的歌唱家也望尘莫及。尽管夜莺在白天也鸣叫，但它们主要还是在夜间歌唱，"夜莺"这个名字就是由此而来。

画眉 （脊索动物门鸟纲）

　　画眉体型略小，体长约24厘米，体重50~75克。它们的上体为橄榄褐色，白眼圈，眼上方有清晰的白色眉纹，向后延伸呈蛾眉状；下体呈棕黄色，腹中夹灰色。美丽的外表为它赢得了"鸟中闺秀"的美称。而且，画眉的歌声还委婉动听、音韵多变。

喜鹊（脊索动物门鸟纲）

　　喜鹊也叫"鹊"，体长40~46厘米，嘴尖，羽毛大部分是黑色，肩部和腹部是白色。喜鹊的尾巴很长，不能左右调节，故转弯很慢，一般只能向前做波浪式飞行。另外，喜鹊的叫声带有颤音，是鸟类中少有的。

渡鸦 （脊索动物门鸟纲）

　　渡鸦，俗称胖头鸟，是雀形目中体型最大的鸟类。它们通体黑色，羽毛有紫蓝色金属光泽；尤其以翅膀处最为明显。渡鸦的食性比较杂，主要取食小型鸟类、爬行类、昆虫和腐肉等，偶尔也取食植物的果实。渡鸦还有个很奇怪的习性，它们喜欢偷取并收藏光滑的小圆石、金属球等亮闪闪的物体。

八哥 (脊索动物门鸟纲)

八哥通体黑色，看起来很像乌鸦，但体形只有乌鸦的一半大小，并且喙和足均为鲜黄色。八哥的覆羽和飞羽基部均为白色，形成白色翅斑，飞翔时，从下方仰视，两块翅斑呈"八"字形，这也是八哥名称的由来。八哥性情温驯，喜欢与人接近，经人训练后，能模仿人类说简单的语言。

极乐鸟 （脊索动物门鸟纲）

极乐鸟是乌鸦的远房亲戚，它们生活在伊利安岛和澳大利亚东南部，盛产在巴布亚新几内亚。极乐鸟爱顶风飞行，所以又称"风鸟"。雄极乐鸟的羽毛很鲜艳，有各种绮丽的形态，因此又称为天堂鸟、太阳鸟、鸟中凤凰等，是世界上著名的观赏鸟。

太平鸟 （脊索动物门鸟纲）

　　太平鸟属于小型鸣禽，通常活动于树木顶端和树冠层，在枝头跳来跳去、飞上飞下，有时也到林边灌木上或路上觅食。它们食性较杂，尤其喜欢吃浆果和多汁的果实。除繁殖期外，太平鸟没有固定的活动区域，常到处游荡。

红交嘴雀 （脊索动物门鸟纲）

红交嘴雀又名交喙鸟、青交嘴，体型似麻雀但稍大，体长约16厘米，一般栖息在山区松柏林中，常集群活动。红交嘴雀最引人注目的就是它们的嘴型非常奇怪，其上嘴壳和下嘴壳的尖部互相交叉。这种在鸟类中极独特的嘴形，是它们啄开坚硬松子的"独门利器"。

巨嘴鸟 （脊索动物门鸟纲）

　　巨嘴鸟最大的特点是它们的嘴很长，并且嘴的边缘呈锯齿状。巨大的嘴看似粗壮，实际上却很轻，这是因为嘴的中间布满了海绵状的骨质组织，里面充满了空气，外边还覆盖着一层角质硬壳，所以才会既坚硬又轻巧。巨嘴鸟原产于南美洲，以果实、昆虫和其他幼鸟为食。

啄木鸟 （脊索动物门鸟纲）

啄木鸟是著名的益鸟，经常在森林的树皮中啄食昆虫，每天能吃掉1500条左右。它们觅食的昆虫有天牛、吉丁虫、透翅蛾、蠹虫等。啄木鸟食量大，且活动范围广，一对啄木鸟就能保卫一大片森林免遭虫害。

杜鹃 （脊索动物门鸟纲）

　　杜鹃又叫子规、催归，体形和鸽子相仿，但较细长，上体为暗灰色，腹部布满横斑。雌杜鹃有一种奇特的习性，即从不自己筑巢，到了繁殖季节，它们会趁其他鸟类不在，偷偷把卵产在它们的巢里。小杜鹃一孵化出来，就会把巢内其他鸟的卵推出巢外，独自霸占"养父母"的食物。这就是有名的巢寄生现象。

灰鹦鹉 （脊索动物门鸟纲）

　　灰鹦鹉全名非洲灰鹦鹉，分布于非洲中、西部。灰鹦鹉头部圆，尾巴短，不善于飞翔，是典型的攀禽。它善于攀爬的原因是因为它有一双特殊的对趾型足，即两趾向前，两趾向后，这种足很适合抓握。灰鹦鹉天资聪颖，擅长模仿人类的语言，是人们最喜爱的宠物鸟之一。

金刚鹦鹉（脊索动物门鸟纲）

　　金刚鹦鹉体型较大，色彩艳丽，生活在美洲。它们的喙强劲有力，堪称取食利器。在亚马孙森林中有许多棕树结着硕大的果实，这些果实的种皮极其坚硬，人用锤子也很难轻易砸开，而金刚鹦鹉却能轻巧地用喙将其啄开，吃到里面的种子，因此它们被称为"大力士"。

鸽子 （脊索动物门鸟纲）

鸽子是人们对鸽类的通称。在世界各地的公园或广场上，我们所看到的鸽子都属于家鸽，它们是由野生的原鸽经人类长期驯化而来的。鸽子的翅膀长，飞行迅速而有力，再加上它们方向感极强，善于归巢，所以常被驯养为信鸽。

沙鸡（脊索动物门鸟纲）

　　沙鸡常栖息于沙漠或热带少雨的草原上。为了适应特定的环境，它们的脚趾变得与众不同：前三趾根部相接，后趾因退化而消失；足底呈垫状，被鱼鳞状物质覆盖；脚部全部被较密的细毛裹住，这样的脚虽然不美丽，但是很实用，便于它们在沙地或雪地上行走。沙鸡主要以植物的种子和幼芽为食。

火鸡（脊索动物门鸟纲）

　　火鸡的学名叫吐绶鸡，原产于北美洲。雄火鸡喉咙下面的白色肉垂在繁殖期间会变成火红色，所以叫火鸡。火鸡吼叫时，颈部和面部会出现红、蓝、白、紫等多种颜色变化，故又称"七面鸟"。火鸡喜欢群居生活，性情温顺，行动迟缓。

珍珠鸡 （脊索动物门鸟纲）

　　珍珠鸡原产自非洲，因其全身羽毛灰色并有规则的圆形白点，形如珍珠，故称珍珠鸡。珍珠鸡善于飞翔、爱攀登、好活动，但胆小易惊，周围环境一有异常动静，就会引起整群惊慌，叫声此起彼伏。

白腹锦鸡 （脊索动物门鸟纲）

　　白腹锦鸡又称铜鸡，栖于海拔2000～4000米的林间灌木及开阔地带。它们是较为典型的林栖雉类，晚上在树冠上栖宿，白天到地面上觅食。白腹锦鸡羽色美妙绝伦，当它们拖着光亮似锦的长尾，在高山灌木丛和矮竹林中轻盈奔走时，很是让人赏心悦目。

孔雀 （脊索动物门鸟纲）

　　孔雀是世界上最漂亮的鸟类之一，特别是雄孔雀，是出了名的"美男子"。雄孔雀尾巴上的羽毛很长，五颜六色。当它们向雌孔雀求偶时，尾巴会像扇子一样展开，十分美丽。孔雀不擅于飞行，遇到敌害时大多靠大步飞奔逃生。所以，孔雀平时很机警。

信天翁 （脊索动物门鸟纲）

　　信天翁主要栖息在南半球的岛屿上。信天翁绝大部分时间在海面上空度过，只有在繁殖季节才回到陆地上。飞行时，信天翁善于借助强大的气流进行滑翔。这种飞行方式不仅有利于调节飞行速度，还能节省体力，对其搜寻食物或进行长距离飞行也有很大帮助。凭借如此高超的滑翔本领，信天翁还被人们称为"滑翔冠军"。

海燕 (脊索动物门鸟纲)

　　海燕与信天翁的体形差不多，但是个头较小。它们的身体呈暗灰色或褐色，有坚硬的钩嘴和管状的鼻孔。海燕分布在世界各大洋，南极地区的数量较多。它们是杰出的飞行专家，尤其是暴风海燕，在海面上翱翔的时候，几乎可以垂直地上升和降落。

海鸥 （脊索动物门鸟纲）

　　海鸥体长约45厘米，羽毛大多为灰色或白色。海鸥的骨骼是空心管状的，这样不仅有利于飞行，还能像气压计一样感知气压和天气的变化。所以，海鸥当之无愧地成了"天气预报员"。如果它们贴近海面飞行，那么未来的天气就是晴朗的；如果它们沿着海边徘徊，那么天气将会逐渐变坏。

北极燕鸥（脊索动物门鸟纲）

　　北极燕鸥分布于北极及附近地区，因为习惯于过白昼生活，所以被人们称为"白昼鸟"。正因如此，当北极黑夜降临的时候，北极燕鸥就会飞往遥远的南极；而当南极的黑夜降临时，再飞回北极。它们每年都会在两极之间往返一次，行程数万千米，是迁徙路线最长的动物。

海鹦 （脊索动物门鸟纲）

　　海鹦主要生活在挪威北部的沿海地区，身长约30厘米，有一张大嘴巴，呈三角形，带有一条深沟。海鹦背部的羽毛呈黑色，腹部呈白色，脚呈橘红色，面部颜色鲜艳，像鹦鹉一样美丽可爱，因此，人们称它为海鹦。海鹦靠捕食海洋鱼类为生，生存本领极强。

反嘴鹬 （脊索动物门鸟纲）

　　反嘴鹬是一种涉水鸟，主要生活在湿地和靠近海湾的湖里。反嘴鹬体长约38～45厘米，背部有醒目的黑色和白色标志，腹部灰白色。它们的嘴很奇特，像镰刀一样向上弯曲，好像长反了。它们总是将这样长而上翘的嘴伸入水中或稀泥里面，左右来回扫动，捕捉沼泽里的昆虫、小鱼等。

大雁 （脊索动物门鸟纲）

　　大雁体大而颈长，主要栖息于开阔平原及附近。大雁性喜结群，常成群活动，特别是迁徙季节，常集成数十、数百，甚至上千只的大群。大雁迁徙的路程也十分漫长，通常需要一两个月时间。飞行时，雁群会选举有经验、身体强壮的老雁当队长，并且队伍团结有序，十分守纪。

鸳鸯 （脊索动物门鸟纲）

鸳鸯是著名的观赏鸟类。雄鸳鸯外表极为艳丽，尤其翅上有一对扇状直立的羽毛，非常奇特和醒目。雌鸳鸯也有亮灰色的体羽及雅致的白色眼圈，也极为独特。鸳鸯生性机警，极善隐蔽，飞行的本领也很强。在饱餐之后，返回栖居地时，常有一对鸳鸯先去栖居地的上空盘旋侦察，确认没有危险后才招呼群体一起落下歇息。

天鹅 （脊索动物门鸟纲）

天鹅是著名的观赏鸟，它们脖颈修长，在水中滑行时神态庄重，在天空飞翔时长颈前伸，形态非常优雅。天鹅是世界上飞得最高的鸟类之一，能飞越世界屋脊——珠穆朗玛峰，飞行高度可达9000多米。天鹅通常雌雄双栖，一旦结成伴侣，便形影不离，共同养育后代，被誉为"爱的天使"。

琵鹭（脊索动物门鸟纲）

　　琵鹭是一种涉禽，有白琵鹭、黑脸琵鹭、玫瑰红琵鹭等几个种类，体长60～95厘米。它们头的一部分或全部裸露，大部分琵鹭的羽毛呈白色，有些呈粉红色。琵鹭觅食方法与众不同，它们一边在水中行走，一边将嘴张开，伸入水中左右来回扫动，就像一把半圆形的镰刀从一边到另一边来回割草一样，颇为奇特。

白鹭 （脊索动物门鸟纲）

　　白鹭又称鹭鸶，它们全身披着洁白如雪的羽毛，犹如高贵的白雪公主。白鹭飞行时头往回收缩到肩背处，颈向下曲成袋状，两脚向后伸直，两个宽大的翅膀缓慢飞翔，动作十分优美。由于白鹭的羽毛是极为贵重的装饰品，所以白鹭遭到人类滥捕滥杀，种群数量明显下降。为此，我国将其列为国家重点保护动物。

夜鹭 （脊索动物门鸟纲）

　　夜鹭颈短，身体粗壮，一般头顶和背部深色，腹部白色或灰色，腿短。白天，它们常隐蔽在沼泽、灌丛或林间，总在晨昏和夜间活动，因此得名为"夜鹭"。夜鹭捕食时很有特点，它们一般在夜深人静时，静静地站在水边，然后偷袭猎物。通常，夜鹭喜欢成群地在树冠顶部筑巢。

大青鹭 （脊索动物门鸟纲）

　　大青鹭是美洲鹭中最大的一种，主要分布在北美洲、加勒比、加拉帕戈斯群岛附近。它们一般在水流缓慢的沼泽中猎食鱼、蛙和其他生物，或涉入较深的水中捕鱼。另外，大青鹭也会隐藏在陆地上的开阔地区，伺机捕食地鼠等动物。

朱鹮 （脊索动物门鸟纲）

朱鹮是珍稀鸟类，属于国家一级保护动物。朱鹮通体白色，头、羽冠、背和两翅及尾缀有粉红色。它们喜欢栖息在高大的乔木顶端，在水田、沼泽、山区溪流附近觅食。觅食的时候常慢步轻脚行走，两眼寻觅浅水处，如若发现食物，立刻用嘴啄食。红鹤性格较孤僻而沉静，除起飞时鸣叫外，一般活动时不鸣叫。

火烈鸟 （脊索动物门鸟纲）

　　火烈鸟浑身长满粉红色的羽毛。它们的嘴的构造很特别：下喙的沟很深，上喙像个刷子。火烈鸟取食时，用嘴从泥水中捞取各种藻类、原生动物、小蠕虫和昆虫幼虫等，然后用活塞似的舌头不断过滤，把水分挤出来，最后再把剩下的美味吞进肚子里。

大鸨 （脊索动物门鸟纲）

　　大鸨体形略似鸵鸟，是世界上最大的飞行鸟类之一。它们身高背宽，体长可达1米，体重可达10千克。大鸨生活在草原上，通常成群活动，而且十分善于奔跑，比骏马还快。它们既吃野草，又吃草丛里的甲虫、蝗虫、毛虫等各种昆虫，称得上大草原的保护神。

白鹤（脊索动物门鸟纲）

　　白鹤全身羽毛洁白，只有在两翅展开时才会露出翅膀下面的黑色，所以又被称为"黑袖鹤"。和其他种类的鹤不同：白鹤的嘴呈暗红色，像一把长刀，而细长的腿却是粉红色的。白鹤实行"一夫一妻制"，彼此很恩爱。如今，由于环境的恶化和人类的捕杀，使得白鹤的数量越来越少，因此白鹤被列为国家一级保护动物。

灰鹤（脊索动物门鸟纲）

　　灰鹤是鹤类中数量最多的。它们头部的羽毛是红黑相间的，身体其他地方的羽毛则是灰色的。由于它们的后趾小并且比前三趾高，不能与前三趾对握，所以不能栖息在树上，只能栖息在平原、草地、沼泽等地方。灰鹤生性机警，在睡觉的时候，总是单腿站立，并且把嘴插在翅膀下。雄灰鹤通常会用优美的舞姿来向雌灰鹤表达爱意。

蓑羽鹤 （脊索动物门鸟纲）

　　蓑羽鹤是鹤类中体型最小的一种。它们的羽毛以灰色为主，背上披着蓝灰色的羽毛，就好像穿了一件蓑衣。蓑羽鹤天生内向，胆小害羞，从不和其他鹤类来往，经常孤零零地在水边散步。它们主要以各种小型鱼类、虾、蛙、蝌蚪、水生昆虫、植物嫩芽、草籽，以及农作物玉米、小麦等为食。

丹顶鹤（脊索动物门鸟纲）

丹顶鹤的头上有一个红色肉冠，就像寿星头上的肉瘤，这就是它们名字的由来。丹顶鹤毛色纯洁，体态轻盈，叫声清脆悦耳，一副仙风道骨的模样，所以又有"仙鹤"的美称。丹顶鹤的食性比较杂，不仅吃鱼、虾、水生昆虫等，还吃水生植物的块根、茎、叶和果实等。它们是我国的一级保护动物，还是世界上最大的珍稀鹤类。

东非冠鹤（脊索动物门鸟纲）

　　东非冠鹤头顶前部的羽毛像覆盖着一块乌黑的绒缎，后部则佩戴着一顶丝毛织成的锦冠，显得金光闪耀，所以它们又被称为戴冕鹤。东非冠鹤白天活动，喜欢在田埂、水田、草地等处行走，还常常飞到附近居民的院子里觅食、戏耍。东非冠鹤主要分布于非洲南部，在乌干达、坦桑尼亚和卢旺达，东非冠鹤被奉为国鸟。

鸊鷉 （脊索动物门鸟纲）

鸊鷉体形短圆，在水上浮沉犹如葫芦，故又被称为"水葫芦"。它们平时栖息在水草丛生的湖泊，食物以小鱼、虾、昆虫为主。鸊鷉的巢很特别，不在固定地点，而是漂荡在水上。当巢建好后，雌鸊鷉会产下4~5枚卵，雌雄鸊鷉轮流孵化。遇有情况时，它们会跑得无影无踪。但在离开前，它们早已用水草和芦苇将巢遮盖严实了。

鹈鹕 （脊索动物门鸟纲）

　　鹈鹕又名塘鹅，体长约1.8米，脚上长有蹼。鹈鹕能成为有名的捕鱼能手，得益于它们那像钳子一样的大嘴和嘴下的那个"大口袋"。由于不善于潜水，所以它们不会追着鱼跑，而是在水里浮游，等鱼游到身边时，再张开大嘴，把鱼和水一起吸进嘴下的"大口袋"里，然后闭上嘴滤出水，这样，里面的鱼就都是囊中之物了。

鸬鹚 （脊索动物门鸟纲）

　　鸬鹚也叫鱼鹰。它们的身体比鸭狭长，羽毛为黑色，带金属光泽。鸬鹚善于潜水。在能见度较低的水里，鸬鹚依靠敏锐的嗅觉来发现猎物，然后偷偷地靠近猎物，最后伸长脖子用嘴发出致命一击，这样，无论多么灵活的猎物也很难逃脱了。在我国南方，渔民常驯养鸬鹚帮助捕鱼。

军舰鸟 （脊索动物门鸟纲）

军舰鸟又名军人鸟，是最善于飞行的鸟类之一。它们的翅膀和尾巴都很长，身体又轻，所以飞行速度很快。军舰鸟除捕捉猎物外，还喜欢拦路抢劫。它们常用大嘴叼住鲣鸟的尾巴，鲣鸟因疼痛难忍，就会吐出口中的鱼。有时候，军舰鸟还会在别的鸟喂食的瞬间，俯冲下去抢走食物。因此被人们称为"强盗鸟"。

猫头鹰 （脊索动物门鸟纲）

　　猫头鹰面形似猫，有一双大大的眼睛，然而它们的视网膜中没有锥状细胞，所以无法分辨色彩，是个色盲。这样的眼睛对弱光有良好的敏感性，使得猫头鹰善于在夜间活动。它们爱捕捉田鼠，一只猫头鹰每年可捕捉约1000只田鼠，为保护庄稼作出了贡献，因此，猫头鹰也是一种益鸟。

苍鹰 （脊索动物门鸟纲）

　　苍鹰俗称"鸡鹰"或"黄鹰"，生活在北美洲及欧亚大陆。苍鹰体长50厘米左右，雌性体形略大。苍鹰上体为苍灰色，眼上方有白色眉纹，肩羽和尾羽上有灰白色的横斑，其他地方有暗褐色或黑褐色的横斑。苍鹰属于猛禽，视觉敏锐，生性机警，生存能力非常强，是民间驯鹰的主要对象。

雀鹰 （脊索动物门鸟纲）

雀鹰就是民间常说的"鹞子"，属于猛禽，其体长30～40厘米。雀鹰上体为青灰色，尾羽较长，有明显的深褐色横斑。雀鹰飞行时扇翅和短距离滑翔交替进行，飞行速度极快，每小时可达上百千米。在雀鹰的食物中，有80%是鼠类，因此雀鹰堪称鹰类中的捕鼠能手。

金雕 （脊索动物门鸟纲）

金雕是北半球上一种广为人知的猛禽。它们体长可达1米，嘴大而有力，以大中型的鸟类和兽类为食。抓获猎物时，它的爪能够像利刃一样刺进猎物的要害部位，撕裂皮肉，扯破血管，甚至扭断猎物的脖子。金雕飞行速度极快，最快时可达到每小时300千米。

白头海雕 <small>（脊索动物门鸟纲）</small>

白头海雕是北美洲的特有物种。成年海雕的体长可达1米，翼展可达2米。白头海雕的眼、嘴、脚为淡黄色，头、颈和尾部的羽毛为白色，身体其他部位为暗褐色，十分壮美 。白头海雕是美国的国鸟，在美国的国徽和军装上都绘有白头海雕的图案。

食猴雕（脊索动物门鸟纲）

食猴雕生活在热带雨林中，是典型的森林猛禽。它们的翅大而宽，末端圆，尾巴长，善于在树枝间迅速而灵活地飞行。食猴雕主要捕食森林中的猴子、飞狐和犀鸟等。食猴雕的叫声为连续的长嘘声，与强壮的体形相比，叫声显得十分微弱。

非洲鱼雕 （脊索动物门鸟纲）

　　非洲鱼雕是食鱼的猛禽，头部和颈部都是白色的。它们常在湖泊、河流上空盘旋，发出很响的鸣叫声。当发现水中有猎物时，它们立即两脚前伸，举翅向下俯冲，甚至将整个身体浸入水中，用两脚抓住鱼，将其带到树枝上或巢中吃掉。

秃鹫 （脊索动物门鸟纲）

　　秃鹫又叫狗头雕或坐山雕，它们的头部和颈部裸露，头顶生有褐色绒羽，羽毛呈黑褐色。秃鹫小小的脑袋上有一双阴森森的大眼睛，让人望而生畏。大多数秃鹫是杂食性动物，以腐肉、垃圾和动物排泄物为食，很少吃活的动物。由于它们的胃酸有很强的腐蚀性，所以就算吃下被细菌感染的尸体，其身体也不易生病。

食蛇鹫 （脊索动物门鸟纲）

食蛇鹫生活在非洲热带稀树草原和开阔森林地带，以鼠类和蛇类为食，是许多非洲毒蛇（如黑曼巴蛇）的天敌。在捕蛇时，它们先用足趾猛踩蛇，同时扑打翅膀，防止被蛇咬；然后再抓住蛇抛向空中，连续数次，直到把蛇弄晕后才食用。

红头美洲鹫 （脊索动物门鸟纲）

红头美洲鹫体羽暗黑，嘴、腿均呈白色，头部无毛，呈红色。红头美洲鹫在地上时很不灵活，要费很大工夫才能起飞。起飞后，它们很少会拍动双翼，只会顺着气流上升。另外，红头美洲鹫还有复杂的嗅管，嗅觉灵敏，这有助于它们觅食。而且它们还很爱干净，当在动物尸堆里享用完美餐后，一定会飞到河里去洗个澡。

兀鹫 （脊索动物门鸟纲）

　　兀鹫是猛禽，体长1米左右，体重约6千克。由于它们的喙较软，啄食新鲜生肉比较困难，所以只能抢其他动物撕开的尸体内脏吃。加上兀鹫的食量很大，与其他动物抢食很难满足其生存需要。于是兀鹫选择吃其他动物不吃的腐烂尸体。久而久之，就养成了吃腐烂尸体的习性。

鸵鸟 （脊索动物门鸟纲）

　　鸵鸟生活在非洲的草原和沙漠地带，是一种不会飞的鸟，但奔跑速度很快，每小时可达70千米。鸵鸟体型巨大，约有2米多高，是世界上体型最大的鸟类。而且它们的双腿粗壮有力，能够一脚踢死一条狗，还可以跳到约3.5米的高度，可算得上鸟类中的跳高冠军。

企鹅 （脊索动物门鸟纲）

　　企鹅是一种海洋性鸟类，以捕食鱼类为生，大多数分布在寒冷的南极地区。因它们具有厚厚的皮下脂肪和超强保温功能的羽毛，所以能在极度严寒的环境中生活。企鹅虽然属于鸟类，却不会飞。不过，它的游泳本领在鸟类中却出类拔萃。在水中时，它们的翅膀好像一双有力的划桨，速度非常快，每小时可达25~30千米。

第五章

哺乳动物

世界上大约有4000种哺乳动物。与其他动物相比，哺乳动物最突出的特点就是其幼崽由母亲分泌的乳汁喂养长大。而且，它们绝大多数长有皮毛，属恒温动物，并具有比较发达的大脑……

现在，就让我们走进哺乳动物的世界，一起来认识下它们独特的身体结构、不同的自卫方式以及多姿多彩的生活吧！

刺猬 （脊索动物门哺乳纲）

　　刺猬是一种小型的哺乳动物，偏圆的身体上长着一万多根短刺。这些短刺就是刺猬的防卫利器。当危险出现时，刺猬会把身体卷成球形，使全身的刺都竖立起来，从而让捕食者难以下手。刺猬性格比较孤僻，喜欢安静的栖息环境，常把窝做在郊野荒地的边缘或溪流边上。刺猬怕光、怕热、怕惊，所以大多夜间出来活动。

针鼹 （脊索动物门哺乳纲）

　　针鼹体长约40~50厘米，身上有坚硬的刺，外形如同刺猬。针鼹四肢强健，趾端长着长而锐利的钩爪，可以用来掘土和挖掘蚁巢。它们白天隐藏在洞穴中，夜间四处活动觅食。针鼹的御敌本领要比刺猬高明得多。它们不仅能通过蜷缩成球来躲避敌害，还能进行回击。通常针鼹会背对敌人，将箭一样的棘刺射入对方的体内。

树袋熊 （脊索动物门哺乳纲）

　　树袋熊又叫考拉，浑身毛茸茸的，行动缓慢，神态憨厚，因常在树上活动而得名。树袋熊几乎从不喝水，只靠桉树的树叶和树芽中的水分维持生命所需。它们每天的睡眠时间高达22个小时左右，堪称世界上最能睡的动物。树袋熊是澳大利亚特产的动物，像中国的大熊猫一样闻名世界。

鸭嘴兽 （脊索动物门哺乳纲）

　　鸭嘴兽长相十分奇怪：它们的身体像水獭，尾巴像海狸，脚和嘴巴却又像鸭子。而且，鸭嘴兽虽然为哺乳动物，却不是胎生，而是卵生，即由鸭嘴兽妈妈产卵，像鸟类一样孵化。小鸭嘴兽破壳后，就会爬到鸭嘴兽妈妈的肚子上吃奶。鸭嘴兽是澳大利亚独产的动物，由于稀少珍贵，被列为国际保护动物。

袋鼠 （脊索动物门哺乳纲）

　　袋鼠主要分布于澳大利亚大陆和巴布亚新几内亚的部分地区，是澳大利亚的象征之一。袋鼠是典型的有袋动物，雌袋鼠的肚子上有一个前开的育儿袋，里面有四个乳头，小袋鼠就在育儿袋里被抚养长大。袋鼠虽然不会走路，但善于跳跃，最高可跳到4米，最远可跳至13米，是跳得最高最远的哺乳动物。

树懒（脊索动物门哺乳纲）

　　树懒生活在南美洲茂密的热带森林中，一生不见阳光，从不下树，以树叶、嫩芽和果实为食，吃饱了就倒吊在树枝上睡懒觉。树懒是一种懒得出奇的哺乳动物，什么事都懒得做，甚至懒得去吃，懒得去玩耍，能耐饥一个月以上。非活动不可时，动作也是懒洋洋的。就连被敌人追赶、捕捉时，也好像若无其事似的，慢吞吞地爬行。

蝙蝠（脊索动物门哺乳纲）

　　蝙蝠是哺乳家族中唯一会飞的类群。在它们的四肢和尾之间，覆盖着薄而坚韧的皮质膜，可以像鸟一样鼓翼飞行。蝙蝠在飞行时会发射超声波，当超声波遇到障碍物时就会反射回来，因此，蝙蝠可通过超声波定位来觅食和躲避敌害。蝙蝠喜欢倒挂着睡觉，一旦遇到侵袭，它们只需把爪子松开，身体下沉，就可以轻松地起飞、逃离。

松鼠（脊索动物门哺乳纲）

    松鼠是典型的树栖小动物，体长20~28厘米，眼大而明亮。他们喜欢在树上跑动、跳跃。而且利爪能牢牢地抓住树干，使身体在树上活动自如，而不致掉落地面。在被貂等敌害追赶时，松鼠还能从很高的树上跳下，安稳地落地，借机逃生。松鼠的种类很多，全世界约有240种，它们主要以橡子、栗子、松子等坚果为食。

仓鼠 （脊索动物门哺乳纲）

　　仓鼠身体肥圆，毛色鲜亮，生性活泼机警，睡觉时喜欢蜷成一个球，通常被人们当作宠物来饲养。仓鼠的口腔两侧有特殊的囊状结构，被称为颊囊。它们喜欢把食物藏在颊囊里，等到达安全的地方再吐出来。当颊囊里塞满食物时，仓鼠的脸会变得圆鼓鼓的，非常可爱。当雌仓鼠发现危险时，还会把小仓鼠塞到颊囊里保护起来。

土拨鼠 （脊索动物门哺乳纲）

　　土拨鼠，又称草原犬鼠，主要分布在北美洲的大草原上。它们不仅善于掘土挖洞，还善于跑跳。土拨鼠喜欢过群居生活，通常由一只雄鼠、几只雌鼠及其幼崽共同组成一个小群体。土拨鼠非常富有语言天赋，群体之间常常通过叫声来传递信息，而且能用不同的叫声告诉同伴来了哪些敌人。

家鼠 （脊索动物门哺乳纲）

　　家鼠主要栖居在城镇、乡村，与人关系密切，故名家鼠。它们对环境的适应能力非常强，在住房、仓库、车、船等隐蔽的地方都可以生存。家鼠通常在夜间活动，以避开人类的视线，喜欢啃食谷物、蔬果等，甚至咬食鱼、鸡和鸭等，以及它们牙齿能够啃咬的东西。另外，家鼠还会传播鼠疫、狂犬病等病毒，是一种世界性的害鼠。

睡鼠 （脊索动物门哺乳纲）

睡鼠，别名林睡鼠，体长 8~12厘米，非常擅长爬树，喜欢在树上跳跃，寻找浆果。睡鼠非常贪睡，它们一年中至少有半年的时间用来冬眠。睡鼠不但能睡，也能吃。在冬眠前，睡鼠会大量进食储存脂肪，以供漫长的冬眠所需。在非冬眠期，白天它们也照样呼呼大睡，夜间才外出活动。

兔子 （脊索动物门哺乳纲）

　　兔子，是兔类哺乳动物的统称。兔子体形较小，大多长着长长的耳朵、三瓣嘴和短小的尾巴，看起来娇小可爱。大多数兔子都会打洞，而且洞窟不止一个。它们打洞筑巢，既是为了生育和休息，也是为了躲避敌害的攻击。兔子时刻保持着高度的警惕性，一旦发现危险便立即飞速逃跑。

豪猪 （脊索动物门哺乳纲）

　　豪猪全身黑色，体长55~77厘米，从肩部到尾巴都长满了长刺。这些长刺由体毛特化而成，有些刺尖端生有倒钩，非常锐利。一旦受到惊吓或遭遇敌害，它们就会立即把尾部的刺竖起来，然后抖动硬刺，以震慑敌人。如果敌人还不走开，豪猪便会用刺发动反击。豪猪常在夜间外出觅食，主要啃食草根、树叶、树皮和野果等。

河狸 （脊索动物门哺乳纲）

　　河狸主要分布在美洲北部，体形肥壮，头短眼小。它们门齿锋利，咬肌发达，一棵直径40厘米的树2个小时就能被它们咬断。河狸还是杰出的"水利工程师"，它们能用树枝、泥巴等在水中堆建非常考究的堤坝，还会在堤坝周围建造封闭的池塘，在池塘建造冬屋，用以抵御低温和敌害。

儒艮（脊索动物门哺乳纲）

儒艮生活在印度洋和太平洋温暖的海域中，身体呈纺锤形，全身有稀疏的短毛，头部较小。雌性儒艮有时会怀抱幼崽在水面哺乳，常被人们误认成"美人鱼"。儒艮性情温和。它们白天在大海深处睡觉，晚上才出来觅食水草。而且儒艮食量很大，每天能吃约50千克的水草，被称为"水中除草机"。

海豚 （脊索动物门哺乳纲）

　　海豚是中小型的鲸类，体长约1.5~10米，分布于世界各海域，以热带沿海最为丰富。海豚的睡眠很特别，当大脑中的一个半球入睡时，另一个半球会处于兴奋状态，过一段时间左右轮换，所以海豚可以在不停的游动中睡觉。另外，海豚十分聪明，能表演许多高难度的动作，如快速跃出水面、翻跟头等，深受人们喜爱。

白鲸（脊索动物门哺乳纲）

　　白鲸身体为独特的白色。它们喜欢在海面或贴近海面轻柔地游行，并发出变化多端的声音。它们的声音美妙动听，响彻百里以外，因此白鲸也被称为"海中金丝雀"。白鲸性情温驯，容易与人接近，可以在人的驯导下表演节目，但也因此遭到人类的捕杀。如今，野生白鲸面临着生存危机。

座头鲸 （脊索动物门哺乳纲）

　　座头鲸是鲸类中的"异类"，它们的背部不像一般鲸类那样平直，而是向上弓起，形成一条优美的曲线，因此得名"座头鲸"。雄性座头鲸特别会唱歌，几乎一年有六个月的时间都在歌唱，而且歌声洪亮，节奏分明。座头鲸还是鲸类中的潜水行家，虽然体形庞大，却能在几秒钟内快速地潜入水中，并且体态还很优美。

露脊鲸 （脊索动物门哺乳纲）

　　露脊鲸体型庞大，最大的体长约18米，重100多吨。露脊鲸属于须鲸，主要以浮游生物和小甲壳动物（如磷虾等）为食。摄食时，它们一边在海上缓慢地浮游着，一边将口张得大大的，将大量的水流和鱼虾吞进大嘴里，然后再将大嘴微闭，并用舌头将海水从长须之间挤压出去。如此，最后滤下的食物就成了它们的腹中之餐。

海狗 （脊索动物门哺乳纲）

　　海狗全身覆盖着绒毛，脸很短；在外形上有些像狗，又有些像熊，所以既得名海狗，也被称为海熊。海狗食量很大，一只海狗一天要吃20多千克的食物。它们每年都会迁徙一次。到冬春季节时，北方海域的海狗群会纷纷向南方海域迁徙。当夏季来临时，海狗群又会迁回北方，然后在北方繁殖后代。

海豹 （脊索动物门哺乳纲）

　　海豹是一种性情较为温和的哺乳动物，它们的躯体较为丰满，呈纺锤形，头部圆，眼睛大而明亮。海豹在陆地上活动时，会拖着肥肥的躯体和后鳍肢弯曲前进，模样非常可爱。海豹非常爱护幼崽，当海豹群在岸上晒太阳时，雄海豹负责防卫，雌海豹则将小海豹护在身边。一旦发现险情，雌海豹会立刻带着小海豹跳海逃生。

海狮 （脊索动物门哺乳纲）

　　海狮分布在北半球海域，体毛为黄褐色，脊部毛色较浅。它们的鳍肢十分灵活，像翅膀一样，前肢能有力地支撑身体前部，后肢还能转向前方。所以，海狮既能在陆地上行走自如，又能在海中以极快的速度游动。它们没有固定的栖息地，每天都要为寻找食物而到处漂游。而且它们的食量十分惊人，每天可达百余千克。

海象 （脊索动物门哺乳纲）

　　海象主要生活在北极海域，它们身体庞大粗壮，长着一对长长的牙齿，有宽大的鳍肢。海象虽然在陆地上行动迟缓，但在海中却能活动自如。海象的体色会跟随环境的变化而变化，非常奇特。当它们浸在海水中时，体色会变为灰白色；当它们在陆地上时，体色会变为棕灰色；盛夏时节，当它们晒太阳时，全身还会变成红色。

水獭 （脊索动物门哺乳纲）

　　水獭别名"懒猫"，它们身体细长，头部短宽，下巴上长着几根短而硬的须。由于四肢较短，而且趾间长着蹼，所以善于游泳和潜水。水中的鳝、青蛙、蛇以及各种鱼类都是它们捕食的对象。水獭将这些猎物抓住后，会到河岸或湖岸处把它们吃掉。水獭拥有珍贵的皮毛，因此常遭到人类的捕杀，现被列为国家二级保护动物。

紫貂 （脊索动物门哺乳纲）

    紫貂生活在亚寒带针叶林和针阔叶混交林中。它们身体细长，四肢短健，体色多为黑褐色。平常它们昼伏夜出，猎食小型哺乳动物，也吃坚果、浆果等。当食物短缺时，它们也在白天出来觅食。紫貂动作敏捷，一旦受到惊扰，就会瞬间消失在树林中。它们的皮毛称为貂皮，十分珍贵，被誉为毛皮之冠。

臭鼬 （脊索动物门哺乳纲）

　　臭鼬一般生活在树林、草原和沙漠中，昼伏夜出，以昆虫、青蛙、鸟类和蛋为食。它们长着一身黑白相间的毛皮，十分醒目，这其实是一种警戒色。若敌人靠近，臭鼬就会低下头，竖起尾巴，用前爪跺地发出警告。如果警告无效，臭鼬便会转过身，向敌人喷出一种恶臭的液体。

黄鼠狼 （脊索动物门哺乳纲）

　　黄鼠狼学名黄鼬，全身呈棕黄色或黄色。它们身体细长，四肢短小，并且头小颈长，可钻入很狭窄的缝隙，所以常将洞穴建在岩石缝隙或树洞中。黄鼠狼食性很杂，主要以鼠类为主食，也吃鸟卵、鱼、蛙和昆虫；常在夜间偷袭家禽。与很多鼬科动物一样，它们体内具有臭腺，可以排出臭气，在遇到威胁时起到麻痹敌人的作用。

浣熊（脊索动物门哺乳纲）

　　浣熊长相很滑稽，眼睛周围有一圈深色皮毛，看起来好像戴着面具一样。它们喜欢栖息在河流、湖泊或池塘旁边的树林中。浣熊擅长爬树、游泳，大多在夜间活动和觅食。浣熊吃东西时特别讲卫生。它们用两只前爪抓起食物，先放到水里洗一下，再吃下去。而且，吃完后它们还要在水里涮一下爪子，最后才心满意足地离开。

小熊猫 （脊索动物门哺乳纲）

　　小熊猫外形像猫，但比猫肥大，属于浣熊科，可别误认为是幼年的大熊猫。它们喜欢栖居在大的树洞或石洞中，早晚出来活动觅食，白天多在洞里或大树的荫深处睡觉。小熊猫善于攀爬，往往能爬到高而细的树枝上休息或躲避敌害。它们性情较为温驯，爱吃竹笋、嫩枝和竹叶以及各种野果、小昆虫等，尤其喜食带有甜味的食物。

大熊猫 （脊索动物门哺乳纲）

　　大熊猫是中国特有的珍稀动物，主要栖息在四川、陕西和甘肃的山区。它们在地球上生存了800多万年，被誉为"活化石"。大熊猫体色为黑白两色，有着圆圆的脸颊，大大的黑眼圈，胖嘟嘟的身体，憨态可掬。它们最爱吃竹子，尤其是各种箭竹，偶尔也食小动物或野果。

鬣狗 （脊索动物门哺乳纲）

　　鬣狗的名中虽然带"狗"字，却与猫科动物是近亲，是非洲大草原上种群最庞大的肉食动物之一。它们的外形略像狼，头比狼的头要短且圆，毛棕黄色或棕褐色，有许多不规则的黑褐色斑点。鬣狗常取食动物的腐烂尸体，有时也会整群围猎。它们每次都能把猎物或尸体全部吞食掉，连骨头也不剩，因此被誉为"草原清道夫"。

土狼 （脊索动物门哺乳纲）

　　土狼栖息在非洲东部和南部干燥的平原上，是鬣狗科的一种。它们性情温和，从不攻击人，也不吃肉，喜欢用带有黏液的舌头舔食白蚁。和鬣狗相比，土狼的牙齿比较小，而且爪子也没有那么锋利。但它们的听觉十分灵敏，这一点有助于它们找寻食物。土狼一般天黑后才出来觅食。

赤狐 （脊索动物门哺乳纲）

赤狐是体形最大、最常见的狐，广泛分布在欧亚大陆和北美洲大陆，栖息于森林、灌木丛、草原、丘陵等多种环境中。它们的听觉和嗅觉很发达，行动敏捷，喜欢单独活动。并且它们生性多疑，警惕性很高。当遇到敌害时，赤狐就会使用体内藏着的秘密武器——肛腺，分泌出难闻的"狐臭"来熏走敌害。

大耳狐 （脊索动物门哺乳纲）

　　大耳狐分布在非洲东部和南部的开阔、干旱地区，因为生有一双大耳朵而得名。大耳狐的大耳朵很奇特，不但能用来向外发散多余的体温，还可以转到各个方向来听取声音，在沟通交流、寻找食物等方面发挥着重要作用。大耳狐性情温和且胆小，具有强烈的好奇心，通常独居或成小群活动，主要猎食白蚁和昆虫等。

北极狐 （脊索动物门哺乳纲）

北极狐分布在北冰洋的沿岸地带及岛屿上的苔原地带，身上长着厚厚的皮毛，能在零下50℃的冰原上生活。它们常在丘陵地带筑巢，而且巢有几个出入口。当遇到暴风雪时，北极狐可以待在巢里几天不出来。它们主要以旅鼠为食，也吃鱼、鸟、贝类和浆果等。冬季来临时，它们会集体迁徙，到第二年夏天再返回家园。

丛林狼 （脊索动物门哺乳纲）

丛林狼，学名为郊狼，分布在北美大陆的广大地区。丛林狼身长70~100厘米，尾巴很长，几乎达到身长的一半。它们适应能力极强，在森林、沼泽、草原，甚至牧场和种植园里都能看到它们的身影。丛林狼会自己挖洞，不过更喜欢占据土拨鼠和美洲獾的洞穴。多喜群居，常追逐猎食。

北极狼 <small>（脊索动物门哺乳纲）</small>

北极狼，又称白狼，体型中等，身长约90厘米，有着厚厚的皮毛，背部与腿强健有力。它们居住在北极地区的冰原、冰谷、苔原等地区。在这样恶劣的环境中，北极狼需要长途跋涉地去寻找食物。它们具有很好的耐力，能以每小时10千米的速度走十几千米。追逐猎物时，它们的速度也非常快，达到每小时65千米。

猫 （脊索动物门哺乳纲）

　　猫，属于猫科动物，分家猫和野猫，有黄、黑、白、灰等各种颜色。它们身形像狸，外貌像老虎，毛柔而齿利。猫爱吃鱼、老鼠等，多数在夜间猎食。因为拥有异常灵敏的感官，以及厚厚脂肪质肉垫的脚趾，所以它们能在黑暗中看清周围环境，嗅出附近动物的气息，然后无声无息地出击。

云豹 （脊索动物门哺乳纲）

　　云豹在豹类中体形比较小，身上长着云朵形状的黑色斑纹，因此得名为云豹。它们栖息在丛林中，身上的花纹成了天然的伪装，一般不容易被敌人发现。云豹的爬树本领高强。因为有一条又粗又长的尾巴，所以攀爬时能很好地掌握平衡。云豹数量稀少，为我国国家一级保护动物。

雪豹 （脊索动物门哺乳纲）

　　雪豹，原产于亚洲中部山区，中国的天山等高海拔山地是雪豹的主要分布地。它们的皮毛为灰白色，有黑色斑点和黑环。外表最突出的特征是尾巴长而粗大，而且尾毛非常蓬松，可以裹住身体和面部取暖。雪豹四肢矫健，行动敏捷，善于攀爬、跳跃，是高山上的顶级捕食者，有"雪山之王"之称。

猎豹 （脊索动物门哺乳纲）

　　猎豹生活在非洲草原上。它们体型纤细，腿长头小，全身都有黑色的斑点，以羚羊等中小型动物为食。猎豹是陆地上跑得最快的动物，每小时可达120千米。除了以高速追击的方式进行捕食外，也采取伏击方法。它们会隐匿在草丛或灌木丛中，待猎物接近时突然蹿出猎取。

东北虎 （脊索动物门哺乳纲）

　　东北虎又叫西伯利亚虎，分布在亚洲东北部。它们的体毛为棕黄色或金黄色，全身布满黑色斑纹，额头上的花纹很像一个"王"字，因而有"丛林之王"的美誉。东北虎聪明而强悍，极具攻击性，主要捕食鹿、羊、野猪等大中型哺乳动物。由于栖息地被破坏与偷猎，数量越来越少，现已被列为国家一级保护动物。

孟加拉虎 （脊索动物门哺乳纲）

孟加拉虎的头大而圆，看起来就像一只硕大的猫；身上长着灰色或黑色的条纹，腹部为白色或淡黄色。它们喜欢在夜间捕食。捕食时，善于出其不意地在瞬间制伏猎物。而且它们胃口很大，一顿能吃掉18~35千克的肉。现主要分布在印度和孟加拉国，是这两个国家的代表动物，也是濒危野生动物。

非洲狮 （脊索动物门哺乳纲）

　　非洲狮是非洲的象征，它们拥有强壮的肌肉，极具弹性的脊椎，锐利的爪和牙齿。非洲狮可以与自身生活的黄褐色环境融为一体，因此即使离猎物很近，也不容易被察觉。非洲狮经常通过群体伏击来捕食。它们通常捕食野牛、羚羊、斑马等。

亚洲狮 （脊索动物门哺乳纲）

　　亚洲狮是唯一生活在非洲以外的狮子亚种，主要生活在印度吉尔保护区。亚洲狮鬣毛较短，体毛丰满，尾端簇毛较长。它们常常选择开阔的草地或灌木丛捕食有蹄类动物，一般清晨和黄昏后出动。由于栖息地不断减少和人类的猎杀，亚洲狮的数量越来越少，现在已濒临灭绝。

棕熊 （脊索动物门哺乳纲）

　　棕熊体态庞大，肩背上的肌肉高高隆起，强壮有力。它们粗密的被毛有着不同的颜色，例如金色、棕色、黑色和棕黑等。棕熊主要栖息在寒温带针叶林中，食性较杂，既吃植物的根茎、果实，也吃昆虫和有蹄类动物。棕熊是相当好斗的动物，特别是在保护领地和食物的时候，往往会对入侵者发动疯狂的攻击。

马来熊 （脊索动物门哺乳纲）

　　马来熊全身黑色，体胖颈短，头部短圆，因为胸前长着一块黄色的斑纹，看起来就像初升的太阳，所以又被称作"太阳熊"。在熊类家族中，马来熊的体型是最小的，体长仅有110~150厘米。其颈部周围的一圈皮肤非常松软，如果被敌人抓住，它们就会拉长皮肤，然后扭转身体去反咬敌人。

亚洲黑熊 （脊索动物门哺乳纲）

　　亚洲黑熊前胸长着一块新月形的白毛，非常醒目，因而有"月亮熊"的美称。亚洲黑熊体格健壮，虽然看起来有些笨重，爬起树来却很灵活。它们食性较杂，以植物叶、芽、果实、种子为食，有时也吃昆虫和小型兽类。北方的黑熊还有冬眠习性，整个冬季它们都蛰伏洞中，不吃不动，处于半睡眠状态。

▎北极熊 （脊索动物门哺乳纲）

北极熊也叫白熊，是熊类中个头最大的一种。它们的体长可达2.5米以上，体重可达半吨。北极熊经常栖息在北极寒冷的冰盖上，过着水陆两栖的生活，主要以海豹、海象、海鸟、鱼类等为食。它们喜欢在冰冷的海水中游泳或潜水，是出色的游泳健将，有时能以每小时6.5千米的速度在水中游动四五个小时。

河马 （脊索动物门哺乳纲）

　　河马属于河马科，由类似野猪的动物进化而来。河马的个头非常大，四肢短粗，笨重的躯体上顶着一颗丑陋的脑袋。河马的眼睛、耳朵都长在头的顶部，它们待在水中时，常把眼睛、耳朵露出水面，以便呼吸空气。它们虽然能过水陆两栖的生活，但许多活动都是在水中进行的，如吃水草、分娩和哺乳等。

驯鹿 （脊索动物门哺乳纲）

驯鹿被印第安人称为"用铲工作的动物"，因为它们总用像铲子一样的前蹄挖掘觅食。驯鹿最让人吃惊的就是每年一次长达数百千米的大迁徙。春天时，鹿群由雌鹿领头，日夜兼程往北方进发。冬天时，鹿群又会长途跋涉迁回南方。驯鹿性情温和，经过驯养，能成为猎人的主要生产和交通运输工具。

梅花鹿（脊索动物门哺乳纲）

　　在鹿科动物中，梅花鹿的外形最美。其身体匀称，体态优雅，身上布满白色的类似梅花的斑点，因此得名"梅花鹿"。雌鹿头上没有角，雄鹿头上有一对雄伟的角。因为鹿茸（雄鹿的嫩角）具有极高的经济价值，所以梅花鹿曾遭大量捕杀，野生的数量急剧减少。现在，梅花鹿已被列为国家一级保护动物。

麋鹿 （脊索动物门哺乳纲）

麋鹿原产于我国长江中下游地区。麋鹿体形奇特，角像鹿，头像马，身体像驴，蹄像牛，因此有"四不像"之称。18世纪时，我国的野生麋鹿曾经濒临灭绝，只有专供皇家狩猎的鹿群。后来，八国联军洗劫皇家园林，将麋鹿盗运国外。之后，为恢复麋鹿野生物种，我国从国外引回了80多只麋鹿，现被列为国家一级保护动物。

长颈鹿 （脊索动物门哺乳纲）

　　长颈鹿是陆地上现存最高的动物，有6~8米高。它们主要分布在撒哈拉沙漠以南的稀树草原和森林边缘地带。长颈鹿的长脖子不仅便于它们警戒放哨、寻求食物，还有助于散热，以适应炎热的热带气候。长颈鹿生性胆小，通常过小群体生活。有时为了安全起见，长颈鹿还与斑马、鸵鸟、羚羊等结成大群，一起寻找食物。

獾㹢㹢（脊索动物门哺乳纲）

    獾㹢㹢生活在非洲的原始森林中。它们后部长着和斑马一样的花纹，面部却和长颈鹿一样，是长颈鹿唯一的近亲。獾㹢㹢的皮毛是巧克力色的，有红色的丝绒光泽；舌头是蓝色的，很长很灵活，甚至能用来清理眼部和耳朵。它们的耳朵很大，听觉比较灵敏。除绿叶和嫩叶外，獾㹢㹢还吃草、蕨类植物、果实和真菌等。

骆驼（脊索动物门哺乳纲）

　　骆驼体型高大，体毛褐色，最大的特点就是背上有突起的驼峰。驼峰里储存着大量的脂肪。在炎热缺水的时候，这些脂肪便会分解成骆驼所需的营养和水分，因此骆驼能多日滴水不进地长途跋涉。骆驼虽不善于奔跑，却能驮着人和货物在沙漠里行走自如，因此被誉为"沙漠之舟"。

野猪 （脊索动物门哺乳纲）

　　野猪是家猪的祖先。它们的四肢粗短有力，耳朵很小，身体矮胖，背部的鬃毛像硬刺一样坚硬。雄性野猪还长有一副短短的獠牙，主要用来自卫。而且野猪的鼻子也坚韧有力，既可以用来挖掘洞穴或推动40~50千克的重物，又能当作武器。另外，野猪还具有非常灵敏的嗅觉，能拱食植物的地下根茎。

水羚 （脊索动物门哺乳纲）

　　水羚是一种生活在非洲的羚羊。它们体型中等，身高190~210厘米，体重160~240千克。水羚的名字虽然与水有关，遇到危险时也能快速地游泳逃跑，但它们并不喜欢进入水中，只喜欢在灌木林和大草原近水的地方吃草。水羚的体毛上面有一种油性物质，能散发出难闻的气味，所以狮子等猛兽一般都不会猎杀它们。

瞪羚 （脊索动物门哺乳纲）

瞪羚之所以叫瞪羚，是因为它们两只眼睛特别大，眼球向外凸出，看起来就像瞪着眼睛一样，主要分布在非洲的干旱地区。所以它们和骆驼一样非常耐渴，甚至可以不喝水，只靠所食植物中所含的水分维持生命。瞪羚主要在夜间活动，它们为了觅食，能不远千里地迁徙。

跳羚 （脊索动物门哺乳纲）

　　跳羚栖息在热带的稀树草原，喜欢干燥和开阔的环境，以植物的枝叶为食。它们天生善于跑跳，跳起时脊背弓起，四肢下伸而靠拢；时速可达94千米，最高可跳3.5米，最远可跳10米。它们就是以这样跳跃的方式来躲避天敌——猎豹的攻击。

大旋角羚 （脊索动物门哺乳纲）

　　大旋角羚是一种生活在非洲撒哈拉沙漠地区的羚羊，对干旱沙漠有极强的适应能力，一生中极少饮水，通常在晨昏及夜间活动。它们的角非常华丽，总长约1米，呈螺旋状。不幸的是，这样的大角会给大旋角羚带来杀身之祸：因为猎人们喜欢把大旋角羚的角作为战利品，所以经常大量地捕杀它们。

犬羚 （脊索动物门哺乳纲）

　　犬羚生活在南非及东非的灌木丛中，主要粮食为树叶、茎、果实等。它们体型细小，体长52~67厘米。虽然外表柔弱，但是它们非常善于保护自己。它们拥有灵敏的视觉和听觉，能随时注意到危险的信号。一旦受到威胁，它们就会即刻跳跃着逃跑，而且逃跑路线呈"之"字形，敌人很难抓住它们。

野牦牛 （脊索动物门哺乳纲）

　　野牦牛分布在新疆南部、青海、西藏、甘肃西北部和四川西部等地，是生活在海拔最高的地区的哺乳动物。野牦牛看似笨重，但它们的蹄圆且强劲有力，能减缓身体向下滑动的速度和冲力，所以野牦牛在高山上能行动自如。另外，野牦牛性情凶猛，一旦被触怒，就会疯狂冲向挑衅者，有时还能把汽车撞翻。

犀牛 （脊索动物门哺乳纲）

　　犀牛是陆地上仅次于大象的第二大哺乳动物。它们的身上披着层层叠叠的厚实无毛的皮肤，堪称动物世界里最坚韧的铠甲。犀牛的鼻尖上长着一只或两只锋利的角，这是它们御敌的法宝，也让它们看起来很有王者气势。然而这个王者的视力却很差，只能靠灵敏的听觉和嗅觉生活。犀牛主要以草、树叶、果实为食。

马 （脊索动物门哺乳纲）

　　马原产于中亚草原，4000多年前就被人类驯养。现在经过改良和培育，已有200多个品种，分布于世界各地。马的头平直而偏长，耳朵短，四肢长，骨骼坚实。因为肌腱和韧带发育良好且蹄质坚硬，所以能迅速奔驰。它们的听觉和嗅觉灵敏，并且拥有惊人的记忆力。马还继承了野马高度警惕的生活习性，总是站着睡觉。

斑马 （脊索动物门哺乳纲）

斑马是非洲草原上最著名的动物之一。它们的头像马，耳朵比马长，尾巴比马短，全身上下布满了黑白相间的条纹，就像穿着一身条纹服。它们这身衣裳可不是为了好看，而是为了伪装。在非洲炎热干燥的气候环境下，斑马需要经常喝水。它们具有天生的找水本领，能在干涸的河床或可能有水的地方用蹄刨土，直到地下水出现。

貘（脊索动物门哺乳纲）

貘属于奇蹄目哺乳动物，与马和犀牛是近亲。现存的貘主要有四种，分别是拜尔德貘、山貘、巴西貘和马来貘。貘喜欢在森林中靠近水边的区域居住。每天它们都会花很长时间在水中嬉戏，以躲避酷热。貘很胆小，自身没有防御本领，所以它们白天通常躲在窝中，只有晚上才出来活动。

┃大象 （脊索动物门哺乳纲）

　　大象是最大的陆生哺乳动物，弯曲的象牙和长长的鼻子是它们最显著的特征。大象一天可以吃225千克的食物，喝230千克的水，是个不折不扣的大胃王。大象视觉很差，嗅觉和听觉非常发达。象群之间常通过象鼻的触摸和嗅味进行交流。别看大象在陆地上行动迟缓，但是水性却很好，它们能渡过大河，进行马拉松式的游泳。

王冠狐猴 （脊索动物门哺乳纲）

　　王冠狐猴生活在马达加斯加的最北端。因为那里的一些森林已经遭到毁坏，所以王冠狐猴学会了在地面移动。如果受到惊吓，它们并不去树上寻找藏身之处，而是飞奔而逃。王冠狐猴的毛色有性别之分：雄性头上生有黑斑，嘴脸是白色的；雌性王冠狐猴额头上有块棕红色的斑，嘴脸是浅灰色的。

环尾狐猴 （脊索动物门哺乳纲）

　　环尾狐猴栖息在马达加斯加南部和西部较干旱的疏林岩石地带。它们有着黑白相间的长尾，经常高举着尾巴，互相联络。它们的后肢比前肢长，所以攀爬、奔跑和跳跃能力非常强，可以在树枝间一跃9米。环尾狐猴身上有三处臭腺，它们不但把臭液当作路标和领地的记号，还用作攻击对手的武器。

白颈狐猴 （脊索动物门哺乳纲）

　　白颈狐猴披着一身厚厚的黑白皮毛，脖子上有一圈漂亮的白色颈鬣，还有一条颜色漆黑的长尾巴。尽管它们看起来有些笨重，但在高高的树枝间跳上跃下或攀缘树干时却非常灵活。白颈狐猴的叫声很响，报警声更是惊人，通常还伴以咆哮，以引起邻近群体的注意。

竹狐猴 （脊索动物门哺乳纲）

竹狐猴也叫驯狐猴，是生活在马达加斯加的中等体型狐猴。它们的头圆圆的，鼻子和耳朵都很短小，样子很讨人喜欢。竹狐猴一般在黄昏活动，清晨和傍晚时尤其活跃，并且常分成小群活动。竹子是它们的主要食物，不同品种的竹狐猴一般不会争抢食物，因为它们分别吃竹子的不同部位。

卷尾猴 （脊索动物门哺乳纲）

卷尾猴也叫白头卷尾猴、白面卷尾猴或白喉卷尾猴，主要生活在南美洲和中美洲的热带森林里。它们体毛多为灰褐色，脸部周围为白色或黄白色，因尾巴卷曲而得名。卷尾猴性情非常温顺，常成群活动，主要取食嫩枝和树叶，也吃野果、昆虫和鸟蛋等。

松鼠猴（脊索动物门哺乳纲）

　　松鼠猴是南美洲最普通的一种猴，主要栖息在海拔1500米高的树林中。它们体长约有30厘米，体色鲜艳，背部为橄榄绿色，嘴部为黑色，眼周围还有两个白圈，好像演杂耍的小丑一样。松鼠猴喜欢结成大群一起生活，主要吃坚果、昆虫、鸟卵等。

疣猴 （脊索动物门哺乳纲）

　　疣猴生活在非洲的茂密丛林里，主要吃植物的嫩芽和叶，也吃野果和谷物。它们的毛色多种多样，尾巴很长，因为拇指已退化成一个小疣，故称疣猴。疣猴的胃很大且复杂，里面分成数瓣，可以充分地从树叶里吸取养分。由于它们的毛皮很漂亮，常遭到人类贪婪捕杀，非洲各国已把疣猴列为珍贵保护动物。

眼镜猴 （脊索动物门哺乳纲）

　　眼镜猴生活在靠近水边的树林或开阔地周围的森林中，其体形大小与松鼠相近。别看眼镜猴个头不大，可是一双眼睛却大得惊人，好像戴了一副宽边眼镜。这双大眼睛为眼镜猴进行夜间活动带来了方便。它们白天紧抱树枝休息；黄昏时才开始活动，在树与树之间来回跳跃，觅食昆虫。

川金丝猴（脊索动物门哺乳纲）

　　川金丝猴生活在中国四川省西部、北部的针阔混交原始林里，为国家一级保护动物。它们的脸庞呈蓝色，鼻孔斜向上翘，所以又名"仰鼻猴"。它们身披浓而厚的金灰色或金黄色的毛，长度可达20多厘米。川金丝猴属群居性动物，以树叶、野果、嫩枝芽为食，有时连苔藓植物也吃。

滇金丝猴 （脊索动物门哺乳纲）

　　滇金丝猴主要分布在中国的云南和西藏，生活在人迹罕至的高山地带。它们背披黑毛，臀部、腹部和胸部为白毛，面部粉白有致，嘴唇宽厚而红艳，非常可爱。滇金丝猴行动迅速敏捷，主要以松萝、苔藓、地衣及禾本科和莎草科的青草为食。滇金丝猴是中国特有物种，属于国家一级保护动物。

黔金丝猴 （脊索动物门哺乳纲）

　　黔金丝猴主要分布在中国贵州省境内武陵山脉的梵净山地带，属于国家一级保护动物。它们的体形近似川金丝猴，比川金丝猴稍小些。头顶前部的毛呈金黄色，后部逐渐变为灰白色。黔金丝猴主要在树上活动，以多种植物的叶、芽、花、果及树皮为食。它们生性机敏，对异常的响声特别敏感，稍有响动，便立刻逃跑。

日本猕猴 （脊索动物门哺乳纲）

日本猕猴主要生活在日本寒冷的北方，这些地方的积雪很厚，所以它们的体表都长有厚厚的粗毛。日本猕猴喜欢群居，通常由20~200只组成一个大家庭。它们食性复杂，主要以果实、昆虫、嫩叶与小动物为食。在寒冷的冬天，日本猕猴要靠在温泉中洗澡来保暖。

恒河猕猴 （脊索动物门哺乳纲）

　　恒河猕猴多栖息在石山峭壁、溪旁沟谷等地。因最初发现于孟加拉的恒河河畔而得名。在中国分布也较广泛，北至河北省，南至海南岛，都能见到它们的活动踪迹。它们性情活跃，行动敏捷，在农作物成熟的季节，它们还会采食玉米和花生等。因为恒河猕猴天性聪敏活跃，所以人们常训练它们表演杂耍。

狮尾猕猴 （脊索动物门哺乳纲）

狮尾猕猴主要生活在印度南部地区的山脉中，数量非常稀少，已被列为濒危动物。它们因为脸上长满鬣毛和尾巴的形状很像狮子而得名，脸部为黑色，毛黑得发亮，鬣毛呈暗灰色。狮尾猕猴精力充沛，过群居生活，雄狮猴是首领，负责维持秩序。

狒狒 （脊索动物门哺乳纲）

狒狒主要分布在非洲。它们的面部多呈黑色，额头突出。狒狒喜欢过群居生活，它们团结而好斗，是自然界中唯一敢和狮子作战的动物，被人称为"勇敢的小战士"。狒狒十分聪明，会使用工具，在吃完食物后，它们会拿石块或玉米芯等来擦自己的嘴巴和鼻子，经过训练还能帮人类看管羊群。

金狮狨 （脊索动物门哺乳纲）

　　金狮狨是巴西特有的珍稀动物之一，生活在热带森林，因有一身惊艳的橙色鬃毛而得名。金狮狨外貌像非洲狮，手指和足趾都长有利爪；善于攀缘且很敏捷，攀跑的速度非常快，连松鼠也赶不上它。金狮狨还具有非常敏锐的觉察能力，所以人们往往很难见到它。由于人类的破坏，其生存的环境越来越少，如今已成为濒危动物。

长臂猿 （脊索动物门哺乳纲）

长臂猿的前臂特别长，身长还不到1米，双臂展开却有1.5米长，站立时"手"可以碰到地上。长臂猿大部分时间都吊挂在树枝上，前进时，它们的两只手臂互相交叉，像荡秋千一样，转眼之间就能从一棵树荡到另一棵树上，不愧为动物中的"空中杂技演员"。而且长臂猿的喊声极其嘹亮，还是哺乳动物中的"歌唱家"呢。

大猩猩 （脊索动物门哺乳纲）

　　大猩猩是体形最大的猿类动物，站立时高1.8~2.2米。它们浑身黑毛，满脸皱纹。虽然看上去有些吓人，但实际上，它们性情温和，不喜欢争斗。如果人类或其他动物靠近，它们会不安地大声吼叫或捶打胸部示警。大猩猩是素食动物，食物主要是果实、叶子和根。它们几乎从不喝水，身体中的水分都是从所吃的植物中得到的。

黑猩猩 （脊索动物门哺乳纲）

　　黑猩猩分布在非洲中部及西部，栖息在高大茂密的落叶林中。黑猩猩脑袋比较圆，眉骨很高，眼睛深深地陷了下去，除了脸部之外，全身都被黑色的毛覆盖着。它们的表情很丰富，有些还和人类的表情极为相似。它们经常互相接吻、握手，以示亲密与信任。在类人猿中，只有黑猩猩能够制造并使用简单的工具。

图书在版编目（CIP）数据

动物大图鉴／龚勋主编. — 北京：同心出版社，2015.7（2024.2重印）
ISBN 978-7-5477-1631-1

Ⅰ.①动… Ⅱ.①龚… Ⅲ.①动物—少儿读物 Ⅳ.①Q95-49

中国版本图书馆CIP数据核字(2015)第116745号

同心出版社已更名为北京日报出版社

动物大图鉴

责任编辑 苏会领	**经　销**	各地新华书店
出版发行 北京日报出版社	**版　次**	2015年9月第1版
地　址 北京市东城区东单三条8−16号		2024年2月第10次印刷
东方广场东配楼四层	**开　本**	720毫米×1020毫米　1／16
邮　编 100005	**印　张**	19
电　话 发行部：（010）65255876	**字　数**	150千字
总编室：（010）65252135	**定　价**	68.00元
印　刷 水印书香（唐山）印刷有限公司		